# 取与舍的人生课

李建宾　编著

中国纺织出版社

## 内 容 提 要

人生在世，须臾即逝，我们时刻都在面临取与舍的抉择。善于取舍，就是善于在得与失之间作出正确的选择，在拿起与放下间作好心灵的博弈，善于取舍，就多了一分豁达，一分睿智。

本书是一本心灵励志读物，从一个个深入浅出、发人深省的小故事着手，阐述了“舍得”的重要性和体现出的人生智慧。希望读者通过阅读本书懂得取舍，拥有海阔天空的人生境界。

**图书在版编目（CIP）数据**

取与舍的人生课 / 李建宾编著. —北京：中国纺织出版社，2018.4（2024.1重印）

ISBN 978-7-5180-4669-0

Ⅰ.①取… Ⅱ.①李… Ⅲ.①人生哲学—通俗读物 Ⅳ.①B821-49

中国版本图书馆 CIP 数据核字（2018）第 018079 号

---

责任编辑：闫星　　特约编辑：王佳新　　责任印制：储志伟

---

中国纺织出版社出版发行

地址：北京市朝阳区百子湾东里 A407 号楼　邮政编码：100124

销售电话：010—67004422　传真：010—87155801

http://www.c-textilep.com

E-mail:faxing@c-textilep.com

永清县晔盛亚胶印有限公司印刷　各地新华书店经销

中国纺织出版社天猫旗舰店

官方微博 http://weibo.com/2119887771

2018年4月第1版　2024年1月第3次印刷

开本：710×1000　1/16　印张：13

字数：160千字　定价：39.00元

---

# 前言

《易经·损》中有这样一段话:“损:有孚,元吉,无咎,可贞,利有攸往。”这句话的大致意思是,“损”“益”不可截然划分,二者相辅相成,充满辩证思想。说到底,这就是取舍之道,有舍才会有得。所以,取舍之道既是宇宙的法则,也是一种人生的哲学,更是一种为人处世的艺术。

事实上,自从我们来到这个世界上,对于周围的事物,就在不断地取舍,小到吃饭穿衣、大到人生方向、职业选择等,有“取”就有“舍”,任何一个人,只有懂得取舍有度,才能逐步构筑辉煌的人生。

舍得,舍得,有舍才有得。小舍小得,大舍大得。这句话是很有道理的。人生在世,我们面临的抉择实在太多。有选择,自然就会有放弃。因为鱼与熊掌不可兼得,如果你什么都想要,那么,最终,你很有可能什么也得不到。那么,你会忍痛割爱哪一个? 人生旅途中,经常会遇到三岔路口,我们又该何去何从?

的确,很多时候,我们遇到的选项都是非常具有诱惑力的,却又不能同时拥有。在鱼与熊掌的选择中,我们往往会斤斤计较,患得患失,优柔寡断。但必须要明白的是,你必须学会抉择,学会舍得。生活的辩证法也告诉我们这一道理,“得”与“失”之间也是矛盾的统一体,在鱼和熊掌不可兼得时,你必须有取有舍。取就必须舍,舍了才能取。

可以说,在我们日常生活中的方方面面,无不与舍得有着极为密切的关系。有时候,适时地舍弃,并不是消极的心态,而是一种看似愚钝、实则心胸宽阔的人生境界,是智者的风范,是通透的智慧,可以这样说,当你明白了其中取舍的奥妙,你的胸怀、魄力和气度也将非比寻常。

有人说,人生就如同单行道,我们没有回头路,这就需要我们做自己人生的导游,学会选择,懂得放弃的人生才是彻悟的人生。路途上,有霓虹晚霞,有雨露阳光,也有狂风暴雨,有所得也必然有所失。古人云:“宠辱不惊,闲看庭前花开花落;去留无意，漫随天际云卷云舒。”只有学会取舍，才能体味精彩的生活，才能拥有一份宁静祥和的心态，才能拥有一个海阔天空的人生境界。

本书结合了大量的故事和现实案例，以阐述“舍得”的重要性和体现出的智慧境界。通过阅读这本书，相信读者朋友们一定能够从中得到一些启发。

编著者

2017 年 12 月

# 目 录

## 上篇 先选取：心中有方向，脚下才有路

* * * * * * * * * * * * * * * * * * * * * * * * * * * * * * * * * * * * * * * * * * * * * * * * * * * * * * * * * * * * * * * *

## 第七章 CHAPTER7 得失相依：有得必有失，有失才有得



## 第八章 CHAPTER8 修剪内心欲望：将欲取之，必先予之

# 上篇 先选取:心中有方向,脚下才有路

* * * * * * * * * * * * * * * * * * * * * * * * * * * * * * * * * * * * * * * * * * * * * * * * * *

## 找对方向,今天的选择决定明天的命运

[第一章]

人生似一条曲线,起点和终点是无法选择的,而起点和终点之间却充满着无数个可以选择的机会。我们靠选择制造命运,谁掌握了选择的艺术,谁就掌握了人生。你手中握着失败的种子,也拥有迈向成功的潜能。你有权选择成功,也有权选择平庸,没有任何人或任何事能强迫你,就看你如何去选择。不同的选择,当然导致截然不同的结果。而起初选择的正确与否,往往是成功与失败的分野。

* * * * * * * * * * * * * * * * * * * * * * * * * * * * * * * * * * * * * * * * * * * * * * * * * *

## 把握机遇，就是作正确的抉择

我们靠选择制造命运，人的一生中充满了大大小小的选择，选择不同，道路也迥然不同。因此，我们必须认准自己的方向和目标，作出正确的选择。

人的一生要作很多选择。入学、找工作、交友、婚恋……都要进行选择。选择与放弃，是相辅相成的，选择就意味着放弃，放弃同时也意味着选择。我选择清华，就意味着我放弃了北大。我到图书馆看书，就意味着我放弃了去其他地方玩或做其他事。人的时间和精力是有限的，这要求我们必须作出一些选择。

选择，首先要做的就是学会控制自我。生活中有太多太多插着鲜花的陷阱，面对这些诱惑抑或威胁，只有更好地把握住自己，才能作出正确的选择。纵观历史长河，有多少千古遗恨都是因为人们一时无法自控造成的。生活的不如意是客观存在的事实，我们无法改变，至少暂时无法改变，但我们可以选择，选择光明的世界，选择美好的人性。毕竟，怎样生活的选择权在我们手上。

艾森豪威尔年轻时，经常和家人一起玩纸牌游戏。一天晚饭后，他像往常一样和家人打牌。这一次，他的运气特别不好，每次抓到的都是很差的牌。开始时他只是有些抱怨，后来，他实在是忍无可忍，便发起了少爷脾气。一旁的母亲看不下去了，正色道："既然要打牌，你就只能用你手中的牌打下去，不管牌是好是坏。要知道，好运气不可能永远光顾于你！"

艾森豪威尔听不进去，依然愤愤不平。母亲见他依旧气呼呼的样子，就心平气和地告诉他："其实，人生就和打牌一样，发牌的是上帝，不管你手里的牌是好是坏,你都必须拿着,你都必须面对。你能做的,就是让浮躁的心情平静下来,然后认真对待,把自己的牌打好,力争达到最好的效果。这样打牌,这样对待人生才有意义!”

母亲的话有如当头一棒,令艾森豪威尔在突然之间对人生有了直观的感悟。此后,他一直牢记母亲的话,并以此激励自己去努力进取、积极向上。就这样,他一步一个脚印地向前迈进,成为中校、盟军统帅,最后登上了美国总统之位。

印度前总统尼赫鲁曾经说过这样一句话:“生活就像是玩扑克,发到手里的是什么牌是定了的,但你的打法完全取决于自己的意志。”没错,上帝发牌是随机的,发到你手里的会有好有坏。我们分到什么就是什么,没有任何选择的余地和更换的可能性。当你拿到不好的牌时,请不要一味地抱怨,因为这对于你没有半点用处,现状也不会因为你的抱怨而有所改变。你能够做的,或者说应该做的,就是调整自己的恶劣心情,将自己手中并不算好甚至还有点糟糕的牌优化组合,并力求把每张牌都打好。

人生在不同时期、不同事情上会有多种选择,但当你的人生面临一些重大选择的时候,千万不要显得那样匆忙、幼稚或者缺少理智。不成熟或错误的选择会给人生带来遗憾甚至不幸,明智的选择会会给你带来明智的人生。这样,我们才能在人生道路上一路走好,活得精彩。一个不会选择的人是很难采到彼岸的成功之花的。

现在提起潘石屹和他的现代城、长城脚下的公社,大概无人不知,无人不晓。但是,潘石屹的成功也不是从天上掉下来的。1981 年,潘石屹从北京培黎学校毕业,并以第一名的优异成绩被石油学院录取。1984 年,潘石屹毕业后被分派到河北廊坊石油部管道局经济改革研究室工作。在那里,他的聪明和对数字天生的敏感博得了领导的赏识,并被确定为“第三梯队”。

有一次，办公室新分配来一位女大学生，她对分配给自己的桌椅十分挑剔。当潘石屹劝她凑合着用时，对方非常认真地说："小潘，你知道吗，这套桌椅可能要陪我一辈子的。"就是这不经意的一句话深深地触动了潘石屹：难道我这一生将与这套桌椅共同度过？正在思变的时候，他遇见一位远在刚刚开放的深圳创业的老师。他决定改变自己的命运。

1987年，潘石屹变卖了自己所有的家当，毅然辞职，揣着80元钱去广东打工，后来去了海南，与朋友开公司，自己做老板，开始了经商生涯。凭借着个人努力，潘石屹迅速完成了原始资本的积累。

1993年，潘石屹在北京注册了北京万通实业股份有限公司，任法人代表兼总经理，开始了在北京房地产界的创新与创业，最终成为北京房地产业的一颗新星。

我们靠选择制造我们的命运，一生中充满了大大小小的选择，小到在餐馆点菜，大到选择人生信仰，选择不同，道路也迥然不同。鱼和熊掌都是我们所喜欢的，但我们常常不能同时拥有，我们必须学会选择。人生也一样，面对繁复的世相，面对各种各样的选择，我们必须认准自己的方向和目标，作出正确的选择。

在人生的每一个关键时刻，你都必须审慎地运用你的智慧，有所选择，有所放弃，作最正确的判断，选择属于你的正确方向。别忘了随时检视自己选择的角度是否产生偏差，要适时地作出调整。你千万不能只凭一套哲学，便想强渡人生所有的关卡。只有学会选择和懂得选择的人，才能创造出精彩的人生，拥有海阔天空的人生境界。

# 方向对了，人生不断奋进

谁拥有了选择的力量，谁就掌握了人生的命运。选择比性格更有力量，选择比努力更有力量，选择比才干更有力量，选择是人生一种伟大的力量。

选择是最重要的。在人生道路上，尽管有很多因素影响人的一生，但没有一种因素能像选择这样会起决定性的作用，也没有一种因素能像选择这样让我们时常面对和解决。

资源有限，就需要选择；资源太多了，其实更加需要选择。世间的事都大抵如此。不是这个，就是那个；不是 to be，就是 not to be 。人生的过程，从某种意义上来说，就是一连串选择的过程，环环紧扣，滚滚向前，有去无回。

选择的力量是巨大的，无论你有什么样的人生追求、什么样的人生理想，你都拥有这种巨大的力量。但有时这是一种潜在的力量，或许连你自己都不知道，只有当你面临困境果断地作出选择的时候，你才会发现它。人生的悲哀，莫过于自己不会选择，或者不去选择。只有依靠自己的选择，才能掌握自己的命运；只有正确地选择，才能拥有成功的人生。

1997 年 5 月 8 日，钓鱼台国宾馆。联合国秘书长科菲·安南对前来专访他的中央电视台《焦点访谈》记者讲述了他少年时期的一个故事。这个简单的故事蕴含的深邃哲理，成了安南先生应对自己生命中一切挫折和挑战的指路明灯。

他说，有一天，我的老师在讲课的黑板上挂了一张白纸，白纸的右下方有颗明显的小黑点。他问我们：“同学们，你们看到了什么？”“一颗黑点。”我们整个

教室里的人几乎都作出了这样的回答。“不是这样。孩子们，不是这样。这首先是一张白纸！”那一刻，老师沉重而焦灼的神情令我终生难忘。

说到这里，安南先生突然直起腰，左手在自己的右手上用力握了握，波光盈盈的眼神如荒漠中的一道闪电。电视荧屏上这段时不过十秒钟的特写镜头，从此深深烙进了人们的脑海。

很多人都会处于前途未卜的十字路口，这是人生决定性的时刻。决定性的选择需要果断和勇气。这果断和勇气，有猜测和赌博的成分，但更多的来自知识和智慧的判断。

人人都会面临各种各样的危机，如信仰危机、事业危机、感情危机等。在危机当中，正确的选择和变动，会使我们积累起一种新的力量，重新面对世界。这如同你不会游泳却被人推到河里一样，除了学会游上岸让自己不至于被淹死外，别无他路。有时候，选择使人痛苦，尤其是当被选择的诸对象对你具有同等吸引力的时候。

世界上没有十全十美的选择，我们在选择中通往不同的道路，都有各自的理由，每一个选择都会带来相应的后果和责任，我们要有勇气自己作出选择，这样才能做自己的主人，才能享受成功的快乐。作出错误的选择时，要从中吸取教训，提高选择能力。这样我们的选择才会更加明智，人生才会更加积极。

有一座山，高耸入云，飞鸟难越。山前山后有两条路可供攀登，前山大路石级铺就，笔直坦荡；后山小路，荆棘丛生，蜿蜒曲折。一天，父子三人来到山脚。父亲说：“你俩比赛爬上这山；上山有两条路，大路平而近，小路险而远——选择哪条路，你们自己裁夺。”哥俩思忖再三，各自凭着自己的选择，踏上征程。

时间过去了两个月，一个西装革履的身影出现在峰顶，哥哥走来了。他骄傲地掸了一下笔挺的襟袖，走向充满期待的父亲，说：“我赢了，我赢了！这一路真是春风得意。在坦荡的大路上我只须向前，向前！舒缓的坡度让我走得从容,平整的石阶使我心旷神怡。聪明的选择使我有了多么得意的旅程啊!”父亲慈祥地看着他:“你选择得的确很聪明,一路走得也十分风光,我的好儿子……”

这之后不知过了多久,又一个身影出现了:他步伐稳健,全身充满着生命的活力;尽管瘦削,衣衫褴褛,但双目炯炯有神。弟弟微笑着走向父亲和哥哥,从从容容地讲起路上的故事:“哦,这是多么有意义的一次旅程!一路上陡峭的山崖阻挡着我攀爬的脚步,丛生的荆棘刺破了我裸露的臂膊,疲惫的身心增添着孤独的酸楚。但我坚持住了,我终于学会了灵活与选择,学会了机敏与自护,学会了独立与坚忍。我感觉自己在成熟,一寸寸地成熟。我最终到达了这里!一路上,我阅尽山间春色,也饱尝征途冷暖,为此,我感谢您,父亲,感谢您给我选择的权利,我从自己心灵的选择中懂得了很多很多……”哥哥眼中露出不解,但旋即消失,他不无轻蔑地说:“可是你输了!”“是的,”父亲遗憾地说,“孩子,你输掉了比赛……”弟弟极目远方,脸上露出平和的微笑:“但,我赢得了人生!”

人生就是这样,正是因为崎岖才更多了几分韵味,才更显得极其丰富。平坦纵然快捷,却无法与崎岖之丰富相比。人生之崎岖往往于其崎岖之中包含智慧和成熟。生活中的困难多于幸福,人生中的磨难多于享乐。人不应在困难中倒下,而要努力在困难中挺起。因为当你重新作出选择的时候,你就会拥有一种连自己都不相信的力量,而这种力量会使你战胜困难,同时使你的人生像初升的太阳一样,突破云层,升起在蔚蓝的天空中。

谁掌握了选择的力量,谁就掌握了人生的命运。人生的任何努力都会有结果,但不一定有良好的结果。错误的选择往往使辛勤的努力付诸东流,甚至使人招致灭顶之灾。选择伴随着每个人的一生,并决定了每个人一生的成败和优劣。选择比性格更有力量,选择比努力更有力量,选择比才干更有力量,选择是人生一种伟大的力量。

## 你怎么选，就有怎样的人生

什么样的选择决定什么样的生活。要知道，我们的人生只有三天，昨天、今天、明天。你的今天是你的昨天所决定的，而你的明天将由你的今天来决定。

人的时间和精力都是有限的，必须作出一些选择和放弃。面对丰富多彩的社会，只有学会选择，才能更好地拥有。人生在世，无时无刻不面临着选择，有时无关紧要，有时事关重大，有时面临生死。选择，显得如此重要，而我们又时刻面临着选择，选择的正确关系到我们事业的成功、家庭的和谐以及个人的身心健康。

人生的路很长，但关键处就那么几步。选择对了，人生更加辉煌与精彩；选择错了，令你徒留苦恼与遗憾。人生，因选择而精彩；人生，因放弃而辉煌。不过，这种选择和放弃，都是有一定前提的。是走向成功还是陷入失败，都在于你自己。一个人要想获得成功，要想拥有一个美丽的人生，应该认清自己的人生方向和目标，作出正确的选择，寻找适合自我生存和发展的空间。

虽然选择的权利在每个人自己的手中，但许许多多的人并没有使用这一权利。也许这就是成千上万的人活得碌碌无为的最直接的原因。如果你想实现自己的人生价值，千万别忘了选择，因为只有选择才会给你的生命不断注入激情，只有选择才能使你拥有把握自己命运的伟大力量，也只有选择才能把你人生的美好梦想变成辉煌的现实。

不少人的生活就像秋风卷起的落叶，漫无目标地飘荡，最后停在某处，干枯、腐烂。为了促进个人的成长，达到个人的幸福，你必须学会驾驭生活。你必须自己选择服装，选择朋友，选择工作，选择奋斗目标……

甲、乙、丙、丁是四个幸运的年轻人，他们得到上帝的垂青，可以搭上“愿望列车”，去选择自己的将来。“愿望列车”有四个停靠站，分别是金钱站、亲情站、权力站和健康站。甲、乙、丙、丁可以选择在任何一个车站下车。他们选择了哪个停靠站，经过努力后，在这方面的发展会特别地顺利和成功，而其他方面则会相应地失败一些。

于是，四个人带着自己的追求作出了自己的选择。甲在“金钱站”下了车，乙在“亲情站”下了车，丙在“权力站”下了车，丁在“健康站”下了车。

三十年过去了，甲、乙、丙、丁四人不约而同地来找上帝倾诉。

甲说：“谢谢上帝，我现在非常有钱，富可敌国。可是，年轻时为了挣钱，我透支了青春，现在身体总有这样那样的毛病。我觉得很不幸，能否用我的钱把‘健康’买回来？”

乙说：“我很幸福，有一个和谐美满的家庭。可我的烦恼也挺多……我能用亲情换些金钱和权力吗？让家人更加幸福。”

丙说：“我有许多权力，人家当面说的是赞美、讨好的话，背后却是恶语谩骂。别人请吃饭，不去不行，否则他们会说你有点权力就摆谱；坚持原则办事，亲戚就说你六亲不认……我多想有健康和亲情呀！”

丁说：“我身体健康，从没有去过医院。可我的妻子说我不求上进，像一头猪一样活着，永远也过不上开私家车、住别墅的日子。为此，我常常烦恼。我能不能用我的健康换些钱和权力来呢？”

上帝看了看四位，指了指天空自由飞翔的小鸟，又指了指笼中欢快跳跃的小鸟说：“人其实就像小鸟，天空小鸟的快乐，在于它选择了自由；笼中小鸟的快乐，在于它可以轻松安逸地待在笼子里。快乐源于选择，快乐源于正确看待自己的选择。后悔是没有用的，后悔是伴着选择的。”

人只要在追求，他就在选择。人生似一条曲线，起点和终点是无可选择的，但起点和终点之间充满着无数个选择的机会。在这个很精彩也很复杂的世界里，无论是强者还是弱者，无论是成功者还是失败者，无论是大人物还是小人物，他们之间最重要的区别就是对人生之路的选择的差别。前者选择了一条布满荆棘、充满风险却能使人生放射华光异彩的道路，而后者则选择了一条平坦却也平庸的道路。

如果你想不平凡，如果你想在芸芸众生之中脱颖而出，如果你想实现自己的人生价值和生活梦想，那么请记住决定你一生的两个字：选择！

## 未来是否成功，根本在于今天的选择

人生的成败，主要源于选择。展示自我、张扬个性、发挥特点是选择的出发点。审慎地运用你的智慧，作最正确的判断，选择属于你的正确方向。

一个人一生中的每时每刻，其实都是在选择中度过的。有人这样说：品味人生，最大的愉快莫过于作出选择，最大的痛苦也莫过于作出选择。上幼儿园时，父母替我们找一个好的幼儿园；上小学时，我们要挑好的学校；中学也是如此。到了考大学之前，考什么大学、什么专业，选择就更加重要了。大学毕业后，更是面对着种种的人生选择。人生的每一步棋怎样走，都有个选择问题。走好了，一生顺利和成功；走不好，一生曲折或失败。

其实，人的一生要经历无数次选择，即无数次机会的把握。可以用一个经济学的词汇来描述：机会成本。正确的选择可以造就生命中灿烂的前程，错误的选择可以毁掉生命中的梦想而使人尝尽遗憾的苦果。因此，选择是欢娱的过程，选择是痛苦的过程，选择是悲怆的过程。

在很多年以前，有一群熊欢乐地生活在一片树木茂密、食物充足的森林里。后来，地球上发生了巨大变化，森林被雷电焚烧，动物四散奔逃，熊的生命也受到威胁。于是有一部分熊提议说："我们北上吧，在那里我们没有天敌，可以使我们发展得更强大！"

另一部分则反对说："那里太冷了，如果到了那里，只怕我们大家都要被冻死、饿死。还不如去找一个温暖的地方好好生存，那样，可供我们吃的食物会很多，我们也会很容易生存下来！"争论了半天，谁也说服不了谁，结果，一部分熊

去了北极边缘生活，另一部分则去了一个四季温暖、草木繁茂的盆地居住下来。

到了北极边缘的熊，逐渐学会了在冰冷的海水中游泳，到海水中捕食，甚至敢与海豹搏斗……渐渐地，它们比以前更大、更重、更凶猛，成为今天的北极熊。另一部分熊到了盆地之后才发现：根本无法和这里的肉食动物竞争，也无法与数量更大的食草动物竞争，于是只好改吃别的动物都不吃的东西——竹子，这才得以生存下来。渐渐地，它们变得好吃懒做，体态臃肿不堪，最后演化成了现在的大熊猫。如今日益减少的竹林，使得大熊猫几乎濒临灭绝，只能被关在动物园里，靠人的帮助生存繁衍。

一个人现在的不如意、逆境、挫折乃至苦难，都是自己的财富，苦难是最好的大学。在逆境中，人要经受各种考验与锤炼，最终百炼成钢，就像北极熊那样成就自己非凡的意志和能力，只有这样才能在激烈的市场竞争中得以生存。逆境并不可怕，只要你敢于在逆境中求生存，结果往往会是更大的成功。而一个人如果只安于舒适的现状，其发展状态就会像大熊猫那样停滞不前，模式僵化，那么，这个人就会慢慢丧失在现代社会的土壤里生存的能力，在竞争激烈的社会中被淘汰。

错误的选择，往往导致情场失意、商场折本、官场落马、战场惨败。错误的选择，是人生种种不幸的根源。人生的一切悲惨、失败的命运大都来源于此。人生的成败，主要源于选择。展示自我、张扬个性、发挥特色是选择的出发点。审慎地运用你的智慧，作最正确的判断，选择属于你的正确方向。有时候，如果我们可以放弃一些固执、限制甚至是利益，反而会得到更多。

拿破仑选择了当时法国大革命以展示其军事指挥才干，才由一个科西嘉小子成为一代伟大的统帅；毛泽东因为选择了为中国人民解放而斗争的伟大事业，才从一位中学教员成为伟大的革命导师；比尔·盖茨因为选择了开辟个人电脑时代，才由一名哈佛肄业生成为世界首富；他们都作出了放弃，放弃换来的是成功。他们经历的痛苦曲折是常人难以想象的，但是如果没有选择，便决不会有他们的成功。

选择并不是一件容易的事情，其根源在于有所得必定有所失。过于追求完美，或者凡事都想万无一失，反而会离预期的目标越来越远。当我们要放弃时，也许会有些不舍，但要知道，今天的放弃是为了明天的得到。该失时你要大胆地让它失去，不值得为了一棵小树而放弃整片森林。人的一生不可能都是完美的，也不可能拥有一切，当我们因放弃而失去某些东西时，不要难过，要勇敢地往前走，因为前面有更美丽的花等着我们去采摘！

21 世纪的青年，虽有鸿鹄之志，但生活不可能完全按我们设计的脚本来排演！要想获得成功，我们就要选择理想和奋斗，放弃享受和潇洒。没有放弃，就没有选择；没有选择，就没有动力；没有动力，就没有成功。一个人要想拥有一个美丽的人生，就应该认清自己的人生方向和目标，作出正确的选择，勇敢寻找适合自我生存和发展的空间。

## 选择最完美的，也未必是最完美的选择

世上永远没有最好的选项，而只有最适合的一个。草率作出的选择往往难以尽如人意。选择也无法完美。如果追求至善至美，往往会错过选择的最佳时机。

人生无疑就是由许许多多的选择组成的，学会选择是人生的一门学问。有时，在许多的选项前我们会很彷徨，那些选项会让我们的双眼迷离而不知所措。世上永远没有最好的选项，而只有最适合的一个。我们很想去选择那个最适合的，但是否适合需要时间来检验，急功近利的心态常常会搅乱一个人的判断力。

一千种场景就有一千个哈姆雷特，买还是不买？卖还是不卖？嫁还是不嫁？娶还是不娶？要还是不要？说还是不说？留还是不留？每一个人，注定在有生之年的每一天都要反反复复永无止境地经历这样的质问，无奈地喃喃自语。人生处处需要选择，大到事业、婚姻，小到衣食住行。选择，不能草率。草率作出的选择往往难以尽如人意。选择也无法完美。如果追求至善至美，往往会错过选择的最佳时机。要记住，在选择上，“只有更好，没有最好”。

很多时候，选择的理由只是本能，只是一种自然的最可能成功的反应——顺应自然，选择你能够轻而易举得到的，然后再想其他的，不要给有些选择赋予太多牵强的意义。据说法国曾有家报纸举办智力竞赛，出的题目是：如果巴黎的卢浮宫遭受火灾，在这紧急的情况下，只允许抢救一幅画，你将抢出哪一幅？在寄给报社众多的答案中，有个叫贝尔纳的人答案最简单，他写的是：“我要抢的是离出口最近的那一幅。”虽然答得简单，但是他中了奖。

卢浮宫中有不少价值连城的名画，很多人觉得，既要抢救，就该抢出那最有价值的名画,这是常有的思维。但是他们忽视了一个特定的情况——水火不容情啊!在这万分紧急的情况下,如果依然是这种常有的思维,那就很难有把握实现。贝尔纳就是充分考虑了这特殊的情况,他抢救靠出口最近的那幅画,是最有把握实现的,因而答案就最优秀。

所以,要想成功,就要选取成功的最佳目标,这目标不见得就是最有价值的那一个,而是最有可能实现的那一个。因为最有价值的很难实现,就如水中之月,可望而不可即。而要获得成功,就必须以能够实现作为前提。

谁都想做一鸣惊人的事情,想创造奇迹。在我们的眼中,很多人都是"赌"了一下就达到了成功的顶峰,其实事实并非如此!他们在选择去做一件事的时候,并不像我们看到的那样仅仅靠勇气和幸运就取得了胜利。在他们的心中,早就知道自己是必然会成功的,他们靠的是实力——知道自己做得了什么,然后坚定地去做了。

古希腊哲学大师苏格拉底的三个弟子曾求教老师,怎样才能找到理想的伴侣。苏格拉底没有直接回答,而是让他们走麦田埂,只许前进,且仅给一次机会选摘最好、最大的麦穗。第一个弟子走几步看见一支又大又漂亮的麦穗,高兴地摘下了。但他继续前进时,发现前面有许多麦穗比他摘的那支大,只得遗憾地走完了全程。第二个弟子吸取了教训,每当他要摘时,总是提醒自己,后面还有更好的。当他快到终点时才发现,机会全错过了。第三个弟子吸取了前两位的教训,当他走到三分之一时,即分出大、中、小三类,再走三分之一时验证是否摘取,等到最后三分之一时,他选择了属于大类中的一支美丽的麦穗。虽说这不一定是最大、最完美的那一支,但他满意地走完了全程。

且行且珍惜,也只有这种人,才能体会到生命的圆满与美丽,才能让心境始终平和欢喜。

所以说,一个人不可以老是想自己会怎么样,而应该想一想自己现在的水平可以做得了什么，然后去把它做好。这才是一个人永远不败的秘诀。当你的实力不断地增加，你做的许多事情在不如你的人眼里就是他们的奇迹——这就是别人创造奇迹的秘密。

知道与自己实力相匹配的东西是什么，然后好好地把握，做到它，一生都这样做下去，直到达到最高峰，这样才是最理智的人生。重要的是你学到了什么，而不是你在什么地方学。成功最终看你的实力，而不仅仅是文凭。

## 明天的路怎么走，来源于今天你怎么选

你手中握着失败的种子，也握着迈向成功的潜能。你有权选择成功，也有权选择平庸，没有任何人或任何事能强迫你，就看你如何去选择了。

人要学会选择，因为选择随时会出现，大到选择求学、就业、谈婚论嫁，小到一日三餐。

有人说："我们老得太快，却聪明得太迟。"人生漫长而又短暂，能够决定一个人一生命运的，其实只是那么几步而已，而且就是在一个人年轻的时候。当我们不会选择的时候面临选择，有多种选择；而当我们满腹经纶、有能力选择的时候，其实已经没有多少可以选择的机会了。

回首往事，人总是免不了有许多懊悔，发出"如果有来生，我……"的感叹。这个时候，你抱怨的其实并不是命运，而是你当初的选择。假如你当初是另一种选择，也许你还会对现状不满、感觉不尽如人意，但是，那至少是另一种人生。人生是一张单程车票，可以回头重来的机会寥寥无几，在我们匆匆又匆匆的步履中，一些不起眼、不经意的选择其实已经决定了你今天的命运。人的一生，选择很重要。你是要选择好的生活还是不好的生活，全凭你的那一刹那的决定。而这个决定，可大可小。切记，慎之再慎！

有一个美国人很爱喝酒，毒瘾也很重，脾气也非常暴躁，他不过是看不惯一个酒吧的服务生，就把人给杀了，因此被判终身监禁。他有两个儿子，年龄相差只有一岁，老大跟他的老爸一样，毒瘾也很重，靠抢劫和偷窃为生，最后也被判终身监禁。老二就不一样了，家庭非常幸福美满，有漂亮的妻子和四个孩子，是

一家跨国公司分公司的老总。同一个老爸，两个不同的儿子，记者觉得很奇怪，去采访的时候问："为什么会这样?"答案很奇怪，很令人惊讶，两个人的回答完全一样："有这样的老子我还有什么办法?"

选择生存是每一种生物体所具有的本能，连埋在地里的种子也存在这样的力量。正是这种力量激发它破土而出，推动它向上生长，向世界展示自己的美丽与芬芳。这种激励也存在于我们人体内，它推动我们完善自我，追求完美的人生。一旦我们有幸接受这种伟大推动力的引导和驱使，我们的人生就会成长、开花、结果。但如果我们无视这种力量的存在，或者只是偶尔接受这种力量的引导，我们就只能使自己变得微不足道，无法取得任何成就。这种内在的推动力从不允许我们停息，它总是激励着我们为了更加美好的明天而努力。

在众多的人生选择面前，当你无能为力时就不要去浪费时间，而要将更多的精力放在你可以改变的事情上。让青春学会选择，让选择打造成功，让成功引领人生！选择很重要！有人说：态度，决定了你的一生。是的，要选择走什么样的路，完全在于你自己，别人或许只能给你一个意见或是方向，但是决定最终要往哪里走的，还是你自己！

大学里，期中考试后的一天，班里的一个同学因为各门功课都考得一塌糊涂，所以忧心忡忡，在哲学课上无精打采。他的异常引起了哲学教授的注意，教授拿起一张纸扔到地上，请他回答：这张纸有几种命运?

那位同学一时愣住，好一会儿，他才回答："扔到地上就变成了一张废纸，这就是它的命运。"教授显然并不满意他的回答。教授又当着大家的面在那张纸上踩了几脚，然后，教授捡起那张纸，把它撕成两半扔在地上，然后，心平气和地请那位同学再一次回答同样的问题。那位同学也被弄糊涂了，他红着脸回答："这下纯粹变成了一张废纸。"

教授不动声色地捡起撕成两半的纸，很快，就在上面画了一匹奔腾的骏马，而刚才踩下的脚印恰到好处地变成了骏马蹄下的原野。最后教授举起画问那位同学:“现在请你回答,这张纸的命运是什么?”那位同学的脸色明朗起来,干脆利落地回答:“您给一张废纸赋予希望,使它有了价值。”教授脸上露出一丝笑容。很快,他又掏出打火机,点燃了那张画,一眨眼的工夫,这张纸变成了灰烬。

最后教授说:“大家都看见了吧,起初并不起眼的一张纸片,我们以消极的态度去看待它,就会使它变得一文不值。我们再使纸片遭受更多的厄运,它的价值就会更小。如果我们放弃希望使它彻底毁灭,很显然,它就根本不可能有什么美感和价值了,但如果我们以积极的心态对待它,给它一些希望和力量,纸片就会起死回生。一张纸片是这样,一个人也一样啊!”

一张纸片可以变成废纸被扔在地上,被我们踩来踩去,也可以作画写字,更可以折成纸飞机,飞得很高很高,让我们仰望。一张纸片尚且有多种命运,更何况我们呢?命运如同掌纹,弯弯曲曲,然而无论它怎样变化,永远都掌握在我们自己的手中。

每个人的前途与命运,完全把握在自己的手中。升学也罢,就业也好,创业亦如此,只要奋发努力,均会成功。一位哲人说:“人生就是一连串的抉择,每个人的前途与命运,完全把握在自己手中,只要努力,终会有成。”你手中握着失败的种子,也握着迈向成功的潜能。你有权选择成功,也有权选择平庸,没有任何人或任何事能强迫你,就看你如何去选择了。

## 眼前的选择，决定将来的被选择

一个人在无法选择工作岗位的时候，至少他永远有一样可以选择，那就是是好好干还是得过且过。而这样的选择，往往在根本上决定了将来的被选择。

很多人都会认为，人生有很多时候都要面临绝路，没有选择，不得不接受自己不喜欢的工作，不得不去工作。但事实上，人们是一直都是面临着选择的。有些人有时会为自己的生活发展选定“不去选择”，之后，他们会在他们原来固有的生活轨迹里待上几年，有时甚至几十年，无论它是多么不好。

你也许会认为，你不选择，就不用承担相应的后果了。但是你没有意识到，你不选择，那你自己的起点和别人就不一样了，你和别人之间就已经没有平等可言了。一旦作出选择，就会影响结果！施展出你的影响力，你就有可能得到你想要的，因为那是你选择的，也就是你要的直接结果。其关键在于你一直都在努力，并用一个个小小的选择来支持你的目标，向最终的目标前进。

过去同一座山上，有两块相同的石头，三年后却发生了截然不同的变化，一块石头受到很多人的敬仰和膜拜，而另一块石头却受到别人的唾骂。后者极不平衡地对前者说道：“老兄呀，在三年前，我们同为一座山上的石头，今天产生这么大的差距，我的心里特别痛苦。”前者答道：“老兄，你还记得吗？在三年前，曾经来了一个雕刻家，你害怕割在身上一刀刀的痛，你告诉他只要把你简单雕刻一下就可以了；而我那时想象着未来的模样，不在乎割在身上一刀刀的痛，所以产生了今天的不同。”

两者的差别：一个是关注想要的，一个是关注惧怕的。人生总是由许多不如意组成的，其实，人生也是由许多选择构成的。成功者的成功录上，会出现许多明智的选择；而失败者在回忆往事时，总会掩着面叹息说："如果当初那样做，现在也不会这样了。"是啊！路是由自己选择的，选择了这条路，就应该一如既往地走下去，不要回头，不要留恋，至于最后成功与否，就要看你的拼劲了。

当我们在无法选择自己的工作时，确实应该选择好自己的态度。过去的时光里，也大家是儿时的伙伴、同在一所学校念书、同在一个部队服役、同在一家单位工作，几年后，发现儿时的伙伴、同学、战友、同事都变了，有的人变成了"佛像"石头，而有的人变成了另外一块石头。谁都愿意做自己喜欢的工作，但是现实生活中并不可能都人人如愿。事实上，不少人都从事着自己并不太喜欢的工作。面对这种情况怎么办呢？如果有条件改变，譬如跳槽，那自然是一种办法，但实际上又不可能人人都如此。在这种情况下，最好的办法就是以积极的心态，心甘情愿地去做。虽然我们有时不能选择工作，但我们完全可以选择对待工作的态度。

想要自己有所作为，立志自己独当一面，这都是可以理解的。然而，凡事都有个发展的过程，工作的经验也有个积累的阶段，不可能什么事都是一步到位、一蹴而就的。问题在于你以什么态度来对待眼前的工作。如果积极地工作，情况自然就会改变。很多事实早就证明了这点。

美国最著名的企业家之一查尔斯·齐瓦勃生长在美国的农村，家境贫困，只受过短期的教育。他少年时就给人当马夫，18 岁时到了一家建筑工地去干活。虽然他只是工地上的一名普通工人，但他抱定一个宗旨：要做工地上最优秀的工人。因此，当其他的工人埋怨工作苦、薪金低、条件差而消极怠工的时候，他却快乐地工作着。他主动地积累经验，还抽空自学一些建筑方面的知识。工人们劳动之余都在聊天、打牌，而他却独自一人在看书。一些工人嘲笑他，他也不在意。

一天夜里，齐瓦勃仍在一个角落里独自看书，一位经理正好从这儿经过。他见别人都在说笑，而他一人在看书，便很好奇。他翻了翻他的书和笔记本，便问道：“这么辛苦，你学它干什么呢？”齐瓦勃说：“我想，我们公司不缺乏打工的人，缺乏的就是那种既有知识又有经验的技师和管理者，是吗？”经理听了后，微笑着点了点头。

没过多久，齐瓦勃就被提拔，担任了技师。这时，一些曾经嘲笑他的工人才开始羡慕他。

齐瓦勃当上技师后，十分认真而且勤奋地工作着，因此很有业绩，后来升任总工程师。25 岁时，他竟然当上了这家建筑公司的总经理。

可见态度是很重要的。当我们无法选择自己的工作时，确实应该选择好自己的态度。是用积极的态度，快乐地带着新的创造去从事工作呢，还是满腹牢骚，愁眉苦脸地去应付工作呢？都是干工作，为什么不积极而愉快地去干呢？只要有好的态度，即使是自己不熟悉、不感兴趣的工作，也慢慢会做出成绩来。这样，你也会从工作中得到喜悦与快乐。

心理学家索尔格纳夫认为，在发挥自己的最佳才能时，不要把“想做的”和“能做的”以及“能做得最好的”混同起来。而这，又常常是人们最容易犯的错误。索尔格纳夫还这样说过，每一个人不要做他想做的，或者说该做的，而要做他可能做得最好的。“拿不到元帅杖，就拿枪；没有枪，就拿铁铲。如果拿铁铲拿出的名堂比拿元帅杖而总是打败仗要强千百倍，那么拿铁铲又何妨？”索尔格纳用这个比喻，生动地说明了选择的重要性。一个人在无法选择工作岗位的时候，至少他永远有一样可以选择，那就是是好好干还是得过且过。而这样的选择，往往在根本上决定了将来的被选择。

## 连续正确的选择，终成成功人生

不同的选择，当然导致截然不同的结果。许多成功的契机，起初未必能让每个人都看得到，而起初抉择的正确与否，往往就决定了成功与失败的分野。

人生的路途是漫长的，但关键的地方只有几步。这几步怎么走，决定了一个人最终是伟大，还是平庸；是幸福，还是痛苦……伟大和平凡之间，就差那么一点点，或者是别人，或者是自己，很轻易地就能把一个人推过这一点点，或者是这边，或者向那边。人的一生，不管是年轻的时候，还是年老的时候，都会面临选择，而作出正确的选择，却不是一件容易的事。

面对机会的来临，人们常有许多不同的选择方式。有的人会单纯地接受；有的人抱持怀疑的态度，站在一旁观望；有的人则顽强得如同骡子一样，固执地不肯接受任何新的改变。而不同的选择，当然导致截然不同的结果。许多成功的契机，起初未必能让每个人都看得到深藏的潜力，而起初抉择的正确与否，往往就决定了成功与失败的分野。

比尔·盖茨是一个商业奇迹的缔造者，也是一个懂得选择的人。让我们一起来看看这位数字英雄的传奇经历：比尔·盖茨在中学时代就是一个凡事比同龄人先行一步的孩子。老师布置写一篇千字左右的作文，比尔·盖茨却一口气写了十几篇。他所作的最重要的选择莫过于退学。哈佛大学是多少人梦寐以求的学府，而考上哈佛大学的比尔·盖茨却在大三时毅然决然地选择了退学。这不是一般人能够下的决心和勇气，也只有下这样的决心和勇气的人才可能成为非凡的人物。

那时,年仅20岁的比尔·盖茨对计算机十分感兴趣,他深信,总有一天计算机会像电视一样走入千家万户。他坚定的信念不但打动了自己,还打动了伙伴、打动了父母。试想一下,假如比尔·盖茨依然在哈佛深造,学习课本上千篇一律的东西,他还有可能革新电脑界吗?也许他会成为一名白领,但不可能成为一个改变世界的人物。比尔·盖茨在谈到他的成功经验之时说:"我的成功在于我的选择。如果说有什么秘密的话,那么还是两个字——选择。"

人生的选择不可能步步为营,失误是难以避免的,但这可以是偶尔,绝不能是经常。如果选择错了,就意味着人生的失败,所以选择是人生的重要规划,正确地规划才有成功的人生。

选择和成功就像是一对双胞胎,选择正确了,成功的几率就大得多;而一旦你成功了,就会有很多选择呈现在你的面前,当你抵得住诱惑,再次作出正确选择时,你会更加成功。而一个失败者,是奢谈选择的,他没有选择的余地,无法选择,当他作出了错误的选择又没有及时回头之后,他已经没有什么选择的机会了。

正确的选择取决于思想的成熟、对生活的理解和理智的判断,当你举棋不定或没有把握决定你的选择时,不要盲从、轻率,要开阔思维、放远目光,权衡利弊,正确判断。人生所走的每一步都是在选择中完成的。一次又一次的选择叠加成了命运,选择的不同导致了命运的迥异。错误的选择会让你前功尽弃,正确的选择才能使努力获得回报,所以我们一定要学会正确选择!

两个乡下人,外出打工。一个去上海,一个去北京。可是在候车厅等车时,听过邻座的人议论后,两个人都改变了主意。去上海的人想,还是北京好,挣不到钱也饿不死,幸亏车还没到,不然真掉进了火坑。去北京的人想,还是上海好,给人带路都能挣钱,还有什么不能挣钱的?于是他们在退票处相遇了。原来要去北京的得到了上海的票,去上海的得到了北京的票。

去北京的人发现，北京果然好。他初到北京的一个月，什么都没干，竟然没有饿着。去上海的人发现，上海果然是一个可以发财的城市，干什么都可以赚钱。在常年的走街串巷中，他又有一个新的发现：一些商店楼面亮丽而招牌较黑，一打听才知道是清洗公司只负责洗楼不负责洗招牌的结果。他立即抓住这一空当，买了人字梯、水桶和抹布，办起一个小型清洗公司，专门负责擦洗招牌。如今他的公司已有一百五十多个打工仔，业务也由上海发展到杭州和南京。

后来，他坐火车去北京考察清洗市场。在北京车站，一个捡破烂的人把头伸进软卧车厢，向他要一只啤酒瓶。就在递瓶时，两人都愣住了，因为五年前他们曾换过一次票。

在人生的每一个关键时刻，审慎地运用你的智慧，作最正确的判断，选择属于你的正确方向。同时别忘了随时检查自己选择的角度是否产生偏差，适时地加以调整。做人是需要成本的，有好的人生选择，也有坏的人生选择，却没有不要成本的选择。付出的成本太高，就可能影响我们的选择，给我们的人生留下太多的缺憾。相反，如果一开始就作出正确的选择，就能降低个人选择的成本，创造更多的人生价值。

其实，人的一生中的每时每刻，都是在选择中度过的。从某种意义上说，人生就是选择。在人生每个重要的关头，最头痛的也都是选择。选择，可以使人飞黄腾达，生活在幸福之中；也可能害人不浅，断送人一生的前途。放掉无谓的固执，冷静地用开放的心胸去作正确抉择。每次正确无误的选择将引导你永远走在通往成功的坦途上。

* * * * * * * * * * * * * * * * * * * * * * * * * * * * * * * * * * * * * * * * * * * * * * * * * *

# 正确选择，让人生之路更精彩

［第二章］

工作生活中，我们经常会遇到许多羁绊和束缚，殊不知，囚禁我们的不是别人，而是自己，是我们不健康的心态和偏激的态度。其实，我们每一个人无疑都有着自己的毛病或不足。清醒地认识自己，不断地完善自己，这对事业的成功肯定会有很大的帮助。要把计划放在今天，把行动放在现在，扎扎实实做好每一件事。当你面对挫折时，选择一个良好的情绪、正确的心态。正确的选择，会使你踏上成功之路。

* * * * * * * * * * * * * * * * * * * * * * * * * * * * * * * * * * * * * * * * * * * * * * * * * *

# 梦想有多远,就能飞多远

人因有了梦想而确立自己的目标,因确立了目标而有了前进的动力,梦想是成就美丽人生的一大基石,没有梦想的人生会失去很多机会。

人若没有梦想,就像鸟儿没有翅膀,不能飞翔。溯人类历史而上,几乎所有新事物出现的根源,都不过是那么一点看似不太实际的梦想或者空想。成功离不开梦想,梦想帮助你正确地把握未来的发展道路,激活你生命的内在力量。

敢于追求,勇于探索,唯有追求才能有所收获,唯有探索才能有所发现。追求者得,而探索者获,但无论是追求还是探索,都要基于你的梦想。梦想不怕不可思议,梦想之路越宽越好,梦想有多远,你未来的世界就有多大。务实者因梦想而高飞。虽然梦想的最初不过是空中的楼阁,但如果你心怀伟大的愿望且敢于建造这个楼阁,或许你就会生出一个又一个方法去克服和解决其中出现的种种不可能,没准,问题便会被你一个一个就此攻克了。

有一天,一个叫布罗迪的英国教师在整理阁楼上的旧物时,发现了一叠练习册,它们是皮特金中学 B(2)班 31 位孩子的某次考试作文,题目叫“未来我是……”布罗迪随手翻了几本,很快被孩子们千奇百怪的自我设计迷住了。其中最让人称奇的是一个叫戴维的盲童学生,他认为,将来他必定是英国的一位内阁大臣,因为在英国还没有一个盲人进入内阁……

布罗迪读着这些作文,突然产生了一种强烈的冲动——何不把这些练习本重新发到同学们手中,让他们看看现在的自己是否已实现了 25 年前的梦想呢?当地一家报纸为他发了一则启事。没几天,书信从各地向布罗迪飞来……

一年后，布罗迪身边仅剩下一个本子没人索要。他想，这个叫戴维的孩子或许已经死了。就在布罗迪准备把这个本子送给一家私人收藏馆时，他收到内阁教育大臣布伦克特的一封信。对方在信中说："那个叫戴维的人就是我，感谢您还为我们保存着儿时的梦想。不过我已经不需要那个本子了，因为从那时起，我的梦想就一直珍藏在我的脑子里，没有一天忘记过。25年过去了，可以说我已经实现了梦想。今天，我还想通过这封信告诉其他同学，只要不让年轻时的梦想随岁月飘逝，成功总有一天会出现在你的面前。"

梦想或隐或显，总是潜伏在我们心底，而要想使这些梦想成为事实，行动才是最有力的保证和最坚强的后盾。或许，为了心底梦想的实现，我们需要付出艰辛的努力，受到世人无情或无知的冷嘲热讽。不必太在意这些中伤自己的言辞，更不必瞧不起自己，很多辉煌成就的背后，都铭刻着这样的过程。

一切宏伟的目标都是由最初的梦想而来。人因有了梦想而确立自己的目标，因确立了目标而有了前进的动力，梦想是成就美丽人生的一大基石，没有梦想的人生是枯燥乏味的人生，没有梦想的人生会失去很多机会。

梦想只有通过行动才能起作用。没有以行动为依托的梦想，其实质永远只能停留在海市蜃楼阶段，虚无缥缈。所以，一切现实的美景都是从海市蜃楼开始，而一切海市蜃楼想要幻化成实实在在的高楼大厦，都必须在有了梦想之后即刻行动起来。有了梦想就去做！哪怕你的梦想只是一件廉价的粗布衣服，也不要放弃。坚持下去，粗布衣也有可能成为畅销服饰而风靡全球。

美国少年斯克劳斯自小就对时装有着特别的偏好。尽管家境贫寒，但这并不能改变斯克劳斯想要成为一名出色时装设计师的梦想。他常常将母亲裁剪过后的布角偷来，东拼西凑地做成各种各样的迷你服装。有一天，斯克劳斯的父亲把自家凉棚上的废棚布拆了下来弃在一旁，斯克劳斯见状，萌生出一种奇怪的念头，他将这些废棚布捡起来制成了一件衣服，这种粗布在当时是专门用于盖棚用的。斯克劳斯穿着自己做的衣服走上大街，很多人都说他是疯子。

斯克劳斯的母亲见儿子沉迷于服装设计，便鼓励儿子去向时装大师戴维斯请教。那一年斯克劳斯 18 岁，他带着自己设计的粗布衣来到了戴维斯的时装设计公司。在戴维斯的鼓励与帮助下，斯克劳斯设计了大量的粗布衣服。当时，没有人对斯克劳斯的衣服感兴趣，但斯克劳斯坚信自己的衣服终会受到人们的欢迎，于是他试着将那些粗布衣服运往非洲，销给那里的劳工们。由于那种粗布衣服价格低廉、耐磨，居然很受劳工们的欢迎，很快就销售一空。

斯克劳斯又将那些粗布衣服做成适合旅行者穿的款式，它的沧桑感和洒脱的气质，居然深受旅行爱好者的欢迎。斯克劳斯又设计出了其他许多种款式。人们惊奇地发现，那种衣服穿在身上不但随意，还有一种特别的风味，而且不分季节、不分年龄、不分性别，人们都可以穿。一时间，大家都争着穿起了斯克劳斯设计的粗布衣。如今，这种衣服已经风靡全球，那就是以斯克劳斯与戴维斯为品牌的牛仔衣。

成功属于勇敢追梦的人，世界属于勇于求索的人，唯有踏踏实实地沿着希望之路攀登再攀登的人，才能升空高飞，笑傲于理想的天堂。遭遇困境时，梦想助你催生潜在的力量；走向成功时，梦想为你装上飞翔的翅膀。这是一种奇妙的力量，也是存在于宇宙之中最不可抗拒的力量。当人们决意将梦想化为行动的那一刻起，就会触动心灵深处，使其发生作用。

梦想虽然以空中楼阁为始，却是以不断追求、不断超越为过程，以化不可能为可能为终。如果你想有所成就，多花一些时间去思考自己的梦想是什么，自己最想追求的又是什么。当你明白了这一点，就可以像所有的成功者那样，为自己确立一个适合自己的目标，并且以积极有效的行动为其保驾护航。这样，最初的梦想就体现出了重大的价值和意义，你也会因此而不断提升自己，不断高飞。

## 未来遥不可及，唯有把握当下

要想成功，就要把希望放在明天，把计划放在今天，把行动放在现在。起而行动，扎扎实实做好每一件事，只有这样，才能拼出成功的魔方。

无论做什么事，付诸行动尤为重要。如果说敢想就成功了一半，那么另一半就是去做。立刻去做、大量地去做、持续不断地去做，是你战胜挫折的唯一捷径，这样，你才能达到理想的彼岸，才能登上成功的列车。有些事情，其实成功与失败之间并没有多远的距离，有时候，往往在你犹豫等待之时，你与期望的成功已经失之交臂。

任何想要的结果，都是通过行动以后才会得到，你栽下苹果树，你会得到苹果；你种下香蕉树，你会收到香蕉；你什么都没有种，你什么也不会得到。汗水就是行动，行动就是努力。无论在哪个领域，如果不努力去行动，那么终将无法获得成功。如果不行动、不努力，要想捕捉到任何成果都是不可能的事情。比尔·盖茨说："想做的事情，立刻去做！当'立刻去做'从潜意识中浮现时，立即付诸行动。"

在1921年，当电报机发明成功25年之时，《纽约时报》有一篇文章谈到了电报对信息传播的重大作用，说当时人们接受的信息已是25年前的50倍了。有十几个人，从这报道中得到了启发。他们想，如果创办一份文摘刊物，让读者从大量的信息中获得自己需要的信息，肯定会受到欢迎。他们说干就干，就去办各种手续，当他们申请邮局发行时，得到的答复是因为还从没有过这类刊物，目前条件还不成熟，还要等一等。绝大多数申办者就只好等等再说。

这十几人中有一位叫华莱士的青年却毫不犹豫，他想：你邮局不发行，我可以自办发行呀！他没有等待，而是将订单装入2000个信封中，从邮局发往各地。

就这样，这位青年创办了世界上很少有的文摘刊物，它一下子拥有了不少的读者，而且市场越来越广阔，这就是有名的《读者文摘》。到了2002年，这本刊物已成为了世界性的刊物。它用19种文字出版，发行到127个国家，年收入达5亿多美元。

有这创意的其实并非只有华莱士一人，十几个人都预见了广阔的市场，但是毫不犹豫地、立即着手去做的只有华莱士一人。正是他的果断，使他获得了成功。每个创意在开始时，一般总是很难完美的，条件也难说会很成熟，但这并不可怕，因为在实践中你还可以不断地去充实、去改进、去完美它。无数事实证明，不要去等待着时机和条件的成熟，要在事物发展的过程中不断去创造成熟的条件。要知道，不完美的行动远远胜过那完美而不付诸行动的想法。拿破仑曾说："想得好是聪明，计划得好更聪明，做得好是最聪明又最好。"人生活在现实中，只有不畏劳苦沿着陡峭山路攀登的人，才有希望到达光辉的顶点。

一分耕耘，一分收获。你有怎样的付出，就会有怎样的收获，天上不会掉馅饼。如果你不付出艰辛的努力，就想获得成功，那是痴心妄想。你想收获吗？一定要有起码的付出。在这个世界上，你要得到多少，你就得付出多少。要想成功，就要把希望放在明天，把计划放在今天，把行动放在现在。克服畏难情绪，毫不犹豫，起而行动，扎扎实实做好每一件事，只有这样，心中的慌乱才会得以平定，才能拼出成功的魔方。

全世界最伟大的篮球运动员迈克尔·乔丹在率领公牛队获得两次三连冠后，毅然决定退出篮坛，因为他已经得到世界上篮球运动史中最多的个人光荣纪录与团队纪录，可以说，他是20世纪最伟大的体坛运动员。

在退役后，他说：“我成功了！因为我比任何人都努力。”乔丹不只比任何人都努力，在他已经是最顶尖的时候，他还比自己更努力，不断突破自己的极限与纪录。在公牛队练球的时候，他的练习时间比任何人都长，据说他除了睡觉时间之外，一天只休息两个小时，剩下时间全部练球。

是的，“努力”这两个字听起来好像令你很不愿意去做，但是你不能回避这两个字，因为成功的确需要努力。看看这个世界的成功人士，他们努不努力？世界首富比尔·盖茨工作努不努力？与他一起工作的人说他简直是工作狂。人生就是如此，只要你迈步，路就会在脚下延伸。只有启程，我们才会向理想的目标靠近。

无论你的梦想和目标是什么，这些都只是你成功的开始，更主要的是立即开始行动，从而实实在在地看到成功的希望。这一点被许多人所忽略，其结果都是以失败告终。洛克菲勒说：“不管一个人的野心有多大，他至少要先迈出第一步，才能到达高峰。”一旦起步，继续前进就不太困难了。工作越是困难或不愉快，越要立刻去做，坚持每天迈步向前，日积月累，就能渐渐地达到目标。

成功，其实就是这么简单，只要勤劳一些，就能获得灵感与青睐；只要远离偷懒，就能掌握自己的命运；只要踏踏实实地做事，把握好生命的每一分钟，就有可能实现你的理想；只要具有坚定的信念并抓住转瞬即逝的机遇，就能接近成功。

## 心态如何,决定成败

当你面对挫折时,如果能够以一个良好的情绪、正确的心态去面对自己所面临的一切,就会作出正确的选择;而正确的选择,会使你踏上成功之路。

在人的一生中,总要面对这样或那样的选择,而当你作出选择的时候,情绪的好坏会直接影响你的前途。一生中,谁也不可能是一帆风顺的。当你面对挫折,站在选择时点上的时候,如果你能够以一个良好的情绪、正确的心态去面对自己所面临的一切,就会作出正确的选择;而正确的选择,会使你踏上成功之路。

心态是一种力量。著名科学家、企业家诺贝尔曾这样说:"有时决定你成功或者失败的,往往是你的心态。"美国成功学院对1000名世界成功人士的研究结果表明:积极的心态决定成功的85%!关键就在于,任何事物都有积极的一面和消极的一面,这就要看你的心态是积极的还是消极的。如果你是积极的,你看到的就是乐观、进步、向上的一面,你的人生、工作、人际关系及周围的一切就都是成功向上的;如果你是消极的,你看到的就是悲观、失望、灰暗的一面,你的人生自然也就乐观不起来。

雨后,一只蜘蛛艰难地向墙上已经支离破碎的网爬去,由于墙壁潮湿,它爬到一定的高度,就会掉下来,它一次次地向上爬,一次次地又掉下来……第一个人看到了,他叹了一口气,自言自语:"我的一生不正如这只蜘蛛吗?忙忙碌碌而无所得。"于是,他日渐消沉。第二个人看到了,他说:"这只蜘蛛真愚蠢,为什么不从旁边干燥的地方绕一下爬上去?我以后可不能像它那样愚蠢。"于是,他变得聪明起来。第三个人看到了,他立刻被蜘蛛屡败屡战的精神感动了。于是,他变得坚强起来。

人的一生,就像一趟旅行,沿途中有数不尽的坎坷泥泞,但也有看不完的春花秋月。如果我们的一颗心总是被灰暗的风尘所覆盖,干涸了心泉、黯淡了目光、失去了生机、丧失了斗志,我们的人生轨迹岂能美好?而如果我们能保持一种健康向上的心态,即使我们身处逆境、四面楚歌,也一定会有“山重水复疑无路,柳暗花明又一村”的那一天。虽然,每个人的人生际遇不尽相同,但命运对每一个人都是公平的。因为窗外有土也有星,就看你能不能磨砺出一颗坚强的心和一双智慧的眼,透过岁月的风尘寻觅到辉煌灿烂的星辰。

积极向上的心态是成功者最基本的要素。积极的心态总是具有“正面”的特点,例如:忠诚、仁爱、正直、希望、乐观、勇敢、创造、慷慨、容忍、机智、亲切和高度地通情达理。具有积极心态的人,总是怀着较高的目标,并不断奋斗,以达到自己的目标。消极的心态则具有与积极的心态相反的特点。如果说积极是人类最大的法宝,那么,消极就是人类致命的弱点。如果不能克服这一致命的弱点,你将失去希望之所在,并失去希望之所由,你将悲伤、寂寞、烦躁、颓废、痛苦。

我们知道,鲜花和掌声营造的只是一种氛围,而幸福和快乐只是一种感觉,世界上许多的事情都与人们对待事物的态度以及心境有关,不同的人在同一时间做同一件事情,会有不同的感受。快乐是一种心态,是一种情绪。这种心态和情绪与挫折和失败无关。

杰瑞是美国一家餐厅的经理,他总是每天都有好心情,当别人问他最近过得如何时,他总是有好消息可以说。当他换工作的时候,许多服务生都跟着他从这家餐厅跳槽到另一家。为什么呢?因为杰瑞是个天生的激励者,如果有某位员工今天运气不好,杰瑞总是适时地告诉那位员工往好的方面想。

能有这样的情况真的让人很好奇,所以有一天有人问杰瑞:“很少有人能够老是那样地积极乐观,你是怎么办到的?”杰瑞回答:“每天早上起来我都告诉自己,我今天有两种选择——我可以选择好心情,或者选择坏心情,而我总是选择好心情。即使有不好的事发生,我也有两种选择——我可以选择做个受害者,或是选择从中学习,而我总是选择从中学习。每当有人跑来跟我抱怨,我也有两种选择——我可以选择接受抱怨,或者选择为对方指出生命的光明面,而我总是选择为对方指出生命的光明面。”

“但并不是每件事都那么容易啊!”对方反驳道。“的确如此。”杰瑞说,“生命就是一连串的选择,每个状况都是一个选择,你选择如何响应,你选择人们如何影响你的心情,你选择处于好心情或是坏心情,你选择如何过你的生活。”

保持乐观的人生态度,笑对迎面而来的挫折与困苦,只有这样,苦难才能更快地被我们甩到身后,踏在脚下。每个人都会遇到一些无法回避又难以解决的事情,因此感到沮丧、懊恼,每个人身上都有很多难以修补的遗憾,但不要把自己套在圈子里,你要相信自己并不像别人所说得那么糟糕,放开心灵,你有快乐的权利,只要你愿意,就会得到快乐。

人生中遇到困境确实令人感到痛苦甚至窒息,但人生总要面临各种困境的挑战,而成大事者则能把困境变为成功的有力跳板。调整心态,切忌让情绪伤害自己。心态消极的人,无论如何都挑不起重担,因为他们无法直面一个个人生挫折。美国作家罗威尔曾说:“人世中不幸的事如同一把刀,它可以为我们所用,也可以把我们割伤。那要看你握住的是刀刃还是刀柄。”人要以积极的心态去面对不幸,并靠积极的心态激发出睿智,避免让不幸的“刀刃”割伤自己;同时,要紧握不幸的“刀柄”,让锋利的刀刃成为你挑战人生的有力武器!

# 与其抱怨，不如奋起直追

生活中的成功者都有一个共同点：干一行爱一行。生活中的失败者，则是干一行怨一行。少抱怨他人和社会，多检查改造自己，这才是人生的真谛。

工作生活中，我们经常会遇到许多羁绊和束缚，对于它们，我们毫无办法。殊不知，囚禁我们的不是别人，而是自己，是我们不健康的心态和偏激的态度。当生活不如意，做什么都不顺利的时候，有的人往往抱怨自己没有碰到好的机会，或者没有遇到好的环境。很少有人会反思自己在个性上有什么问题，或者工作中有什么毛病。因此，在抱怨一番之后，情况依然不会有什么改变。

人生在世，谁不渴望出人头地？美国成功哲学演说家金·洛恩说过这么一句话：“成功不是追求得来的，而是被改变后的自己主动吸引而来的。”我们之所以没有成功，是因为在我们身上存在着许多致命的缺点，如自私、傲慢、急躁、没有明确的人生目标、缺少自信、做事情不脚踏实地等，这些缺点严重制约了我们的发展。只要对自己进行深刻的检讨，采取改进措施，你的精神面貌就会发生巨大变化，你会感觉到自己在一天天地向成功迈进。

20世纪30年代，日本有个矮小的年轻保险推销员，推销的业绩很差，因而收入也少得可怜。陷于困境的他，有一天随意来到了一所寺庙，向一位老僧人推销保险，滔滔不绝地说着投保的好处。没想到他说完之后，老人摇了摇头说：“小伙子，你说了这么多，我丝毫没有兴趣啊！”这如同一瓢冷水，使年轻人灰心极了。老人注视着他，接着说：“你要向人推销，就一定要有一种强烈的吸引力才行，否则，你做推销就没有什么前途了。”看着满脸通红的年轻人，老人说：“小伙子，还是先改造改造自己吧！”

走出寺庙后，年轻人一路上思索着老和尚的话，他觉得，话虽不中听，但说得很有道理。为了改造自己，他组织了专门针对自己的“批评会”，每月一次，每次请来5个同事或者投了保的客户一起吃饭，请他们指出自己的毛病。虽然他很拮据，但即使典当衣物，他也坚持这样做。

每一次的“批评会”使他都有剥了一层皮的感觉，但他默默地忍受着，他把那些逆耳忠言记录下来，进行反省。随着毛病的减少，他觉得自己也渐渐成熟起来。他的努力终于得到了回报。到了1939年，他的销售业绩获得了全日本第一。从1948年起，他竟连续15年保持全日本销量第一的好成绩。这个矮个子不是别人，就是后来著名的推销大师原一平。

原一平的经历告诉我们：有些时候，迫切需要改变的，或许并不是环境，不是别人，而正是我们自己。如果你无法改变环境，唯一的方法就是改变你自己。其实，我们每一个人虽各有自己的长处，但无疑也会有自己的毛病或不足。清醒地认识自己，不断地完善自己，发挥出自己全部的能力，这对事业的成功肯定会有很大的帮助。

生活中，那些成功、快乐的人，都有一个共同点：干一行爱一行。因为他们坚信：办法总比困难多。生活中的失败者，则是干一行怨一行，认为倒霉的事总让自己摊上了，抱怨命运不好，抱怨社会不公。少抱怨他人和社会，多检查改造自己，这才是人生的真谛。

女工王兆兰从工厂下岗后，没有去抱怨命运，而是实实在在地去做自己能够胜任的工作——北京贵宾楼饭店洗手间的保洁员。保洁工作对保洁员的要求极为严格，8小时工作时间内要不停地擦拭、清扫。一天下来，疲惫不堪。时间不长，和她一起来的8个姐妹都因承受不了保洁工作的劳苦而辞职了。王兆兰想：作为一名下岗女工，自己没有其他技能，选择工作的机会不多，干一行就要爱一行，干一行就要把它干好。由于她工作认真，很快被调到商品部当销售员。可是，就在这个时候，王兆兰工作的场所要停业装修半年，她又一次下岗。

在待业的日子里，王兆兰看到一家茶店招聘服务员的广告。但招聘的条件很高，年龄要求18~25岁，要懂英语，还要了解中国茶文化。王兆兰前去应聘，软磨硬泡，并极力陈述自己年龄大的优势和好处。最后，老板带着疑虑收下了她。

为了学会泡茶，她反复操作，手上烫出了大泡；为了分辨不同的茶叶性状、品质和口味，她反复试泡试喝，有时喝得心发慌，睡不着觉。很快，她掌握了茶叶和茶艺的基本知识。同时，她学会了一套推销茶叶的技巧，上岗两个月就被老板提升为店长。

在茶叶店的两年时间，她不断地以提升自己为出发点。后来王兆兰参加了第四次茶文化展和第六届国际西湖北京茶会。她的八仙茶获此次茶会茶艺表演一等奖。几年后，王兆兰与人合伙开办了聚福隆茶庄，她由一名将近不惑之年的下岗女工，本着“少抱怨他人和社会，多改造自己”的人生理念，终于成为招收下岗女工的企业老板。

在现实生活中，每个人都可能会遇到下岗待业、卧病不起、考试落榜、婚姻失败等逆境挫折。“遇到障碍我会诅咒，然后搬个梯子爬过去。”这是美国黑人亿万富翁约翰逊的一句格言。是的，人生中不可能没有挫折、没有阻碍，关键是你如何对待挫折、对待阻碍。与其想要改变全世界，不如先改变自己。我们可以改变自己的某些观念和做法，以抵御外来的侵袭。心若改变，态度就会改变；态度改变，习惯就会改变；习惯改变，人生就会改变。当自己改变后，眼中的世界自然也就跟着改变了。

# 既然选择，就要专注

成功不在于做许多事情，而在于专注。把你的全部精力集中到工作中去，以一往无前的精神去努力追求真正的价值，这就是顺利完成一件事的最大秘诀。

有人说，人在整个的一生中干不了几件大事，所以一旦你决定要做一件事，一定要锲而不舍地像追情人一样去追求你的目标。那些出类拔萃的成功者绝大多数都是早早地辨明了自己的人生方向，制订了相应的行动计划，并且对准一个目标毫不动摇、绝不气馁，全力以赴去接近它、实现它的人。

的确，做某件事不难，难就难在坚持不懈地去做这件事。如果你因为激情消退或一两次的受阻而从此将你的目标束之高阁，那么你永远无法登上成功的巅峰。古往今来，凡是有成就的人，都很注意把精力用在一个目标上，专心致志，集中突破，这是他们成功的最佳方案。

在回答“成功的第一要素是什么”时，爱迪生答道：“能够将你身体与心智能量锲而不舍地运用在同一个问题上而不会厌倦的能力……你整天都在做事，不是吗？每个人都是。假如你早上7点起床，晚上11点睡觉，你做事就做了整整16个小时。对大多数人而言，他们肯定是一直在做一些事，唯一的问题是，他们做很多很多事，而我只做一件。假如他们将这些时间运用在一个方向、一个目的上，他们就会成功。”是否高度专一，一天就有很大的差别，1月、1年、10年呢，那差异就更大了。因此，卡莱尔说：“最弱的人，集中其精力于单一目标，也能有所成就；反之，最强的人，分心于太多事务，可能一无所成。”

成功不在于做许多事情，而在于专注。把你的全部精力集中到工作中去，这就是顺利完成一件事的最大秘诀。无论做任何事,都不要企求太多。只要付出全部的精力,以一往无前、专心致志的精神,去努力追求真正的价值,我们就会有所收获。

集中精力才能跑得更快,只有专注于自己的目标,才能在平凡的岗位干出别人干不出的业绩来。海尔集团总裁张端敏说,如果让一个日本员工每天擦6遍桌子,他一定会一丝不苟地每天擦6遍;而我们中国员工第一天会擦6遍,第二天也会擦6遍,可是第三天就会擦5遍,第四天可能只4遍,这就是我们的企业引进了许多一流的设备,而产品质量却达不到原装水平的原因。无论做什么事,都要做到永远专注于自己的工作,坚持做到精益求精。只有做到这种程度的人,才能赢得更多的掌声,才能超越自己已有的成绩,让自己的表现永远值得喝彩。

大收获必须付出长久努力。人生的时间、精力有限,想要让有限的时间、精力造就人生最大的成功,就必须专心致志,要拣对成功价值最大的事情去做。选择自己的目标,踏踏实实地去做,不要被别人的成功晃花眼睛而争一时之短、计一时之荣辱,更不要为眼前的蝇头小利所迷惑。最重要的是确定自己的目标,其次是坚持不懈。一般的规律是,越是巨大的成功,越是伟大的事业,需要付出的努力与牺牲也就越大。你会看到人家小利不断,既热闹又神气,而你却守着远大的目标忍受着寂寞。这是必然的。没有这点思想准备与意志是成不了大气候的。

19世纪德国有位著名画家叫门采尔,他勤奋刻苦,一生中不停地作画,素描画了上千张,速写也有上万张,而且创作上极认真,有的作品从构思到完成,竟用了几年的时间。正因为这样,他在画坛上很有威望,他的作品一上市,很快就被抢购一空。

当时有个青年画家,他画得很快,并以此向人夸耀,然而他的作品很少有人购买。为此，他很苦恼。一日，这青年专门去拜访门采尔，求教销售画作的秘诀。青年抱怨说："先生，我一天能画一幅画，可卖就难了，有时一幅画要用一年的时光才能卖出去。"

门采尔听完就笑了，他对年轻人说："小伙子，你不妨倒过来试一试：用一年的时间好好地画一张画，那么你一天就能卖掉它。"

创作是这样，实现自己的梦想也是这样！它应该是一个艰苦努力的过程，只有功夫深，你才能创作出精品，才能开拓出不一般的局面。有些事情是很难急于求成的，它只能是功到自然成。没有一定的积累，没有一定的功夫，就很难成功。相反，如果什么都是浅尝辄止，那成功的概率肯定就低多了。

一位哲人指出："与其花许多时间和精力去凿许多浅井，不如花同样的时间和精力去凿一口深井。"一个人能认清自己的才能，找到自己的方向，已经不容易，更不容易的是能抗拒潮流的冲击。许多人仅仅为了某件事情时髦或流行，就跟着别人随波逐流而去。他忘了衡量自己的才干与兴趣，因此把原有的才干也付诸东流。最终，他得到的只是一时的热闹，而失去了真正成功的机会。对事情专一，并非不求上进，也非懒惰。它是一种锲而不舍、全神贯注的追求。

人在一生当中精力旺盛的时间是有限的，但是在追求目标的时候，多数人是不考虑时间的，只是在一味地追求新的目标，不管它是否适合自己，只要看到新的东西、新的目标就去追求，非常盲目地把自己宝贵的时间浪费了。所以，我们在新的目标出现的时候，要选择最适当的目标，然后痛快地作出决定，作好取舍，把不重要的目标丢弃，这样我们才能明确我们的目标，从而全力以赴，才可能有所成就。

## 耐心越强，成功的可能性越大

在任何力量与耐心的比赛中，把胜利押在耐心上。耐心是困难的天敌，耐心越强，困难就越小，即使你再弱，再没有优势，也没有必要去恐惧。

凡事都怕认真，任何困难，任何坎坷，只要持之以恒，就没有过不去的火焰山。水滴穿石，什么困难都是小菜一碟。要想发财致富，甚至是成就大业，没有恒心，即使一时做到，也很难长久。古人云“打江山容易，坐江山难”，此话一点不假。打胜仗的将军有的是，而常胜将军却少得可怜，体现的都是这个道理。

生活中，每个人都可能会面对“撼大摧坚”的艰巨任务：运动员要向世界纪录挑战，科学家要解开大自然的奥秘，企业家要跻身世界强者的行列，就是一般人，也会有一些困难的工作要去做。比如，要把一堆砖头从甲地搬到乙地，如何做？有人一次搬100块砖，太急于求成了，刚一动手就闪了腰。而有的人一次只搬自己能搬动的十多块砖，持续地搬下来，再多的砖头也搬完了。

凡事不能持之以恒，正是很多人最后失败的根源。一位作家说过：“在任何力量与耐心的比赛中，把胜利押在耐心上。”耐心是困难的天敌，耐心越强，困难就越小，即使你再弱，再没有优势，也没有必要去恐惧。

2006年中央电视台的春节晚会上，一个身穿羊皮袄、头扎白羊肚手巾的民间歌手竟与著名歌唱家吴雁泽、戴志强同台演唱，并获得了成功，他就是名不见经传的阿宝。阿宝从小就喜爱唱歌，很受群众欢迎，但由于没受过什么专业训练，难以登上大的舞台。他也曾9次参加青年歌手大奖赛，总是在初赛时就被淘汰了。因为那门槛太高，他这种非专业的、没什么唱法的歌手，自然难以获胜。即便这样，他也没有放弃，而是继续努力着，即使是参加一些小的剧团甚至是戏班子的演出，他也不放弃自己的努力。他顽强地坚持着、努力着，终于有了一次机会。2004年中央电视台开设的“星光大道”栏目，门槛不高，没有过多的条件，而且是观众当评委，他的演唱赢得了听众的欢迎。他当了周冠军后，又当了月冠军，而且最后成了年度的总冠军。人们这才发现他的嗓音浑然天成、原汁原味，那高音尤其让人惊奇，比帕瓦罗蒂高出整整八度。正因为这样，阿宝获得了“中国民歌榜首位最佳原生态歌手”的称号。如果他在多次参赛失败之后灰心丧气，放弃了努力，不再执着地坚持，就不会有今天的成功。

每个人都希望在人生的旅途中成就一番自己的事业，实现自己人生梦想。但，实现梦想和目标不仅要付出辛勤的汗水、艰辛的努力，有时还要选择长时间地等待。当然，阿宝不轻易放弃是基于自信，如果你自己都不相信自己，那自然也就没有坚持的勇气。如果我们相信自己所作的努力是有益的，那么就要竭尽全力去实现它，而且要有那不达目的绝不罢休的气概。

当你选择了人生的目标而在道路上奔波时，有的时候，近在咫尺的目标，却需要长时间的等待才能实现。伟业的成就是建筑在枯燥和孤独的基础上的，任何小事都是如此。一定要有面对枯燥从头到尾坚持不懈的耐力。人在做一件事情的时候有一个临界点，在这个时期是感觉非常无聊的，很多人都在这个时候放弃了，去选择了其他的诱惑，这样的人不会成功。只要你咬牙坚持下来，这就是你的一个高度，这会建立你以后的信心，成为你日后的一个尺度，让你不断地超越自我。

一位名叫希瓦勒的乡村邮递员，每天徒步奔走在各个村庄之间。有一天，

他发现绊倒他的一块石头样子十分奇特，于是，他突然产生一个强烈的念头：如果用这些石头来建造一座城堡，那将是一项伟大的工程！于是，他开始推着独轮车送信，只要发现中意的石头，就会将它们装上独轮车。

此后，他再也没有过上一天安闲的日子。白天他是一个邮差和一个运输石头的苦力，晚上他就变成了一位建筑师。他按照自己天马行空的想象来构造自己的城堡。所有人都感到不可思议，认为他的大脑出了问题，而他却几十年如一日坚持不懈地进行着这项浩大的工程。

二十多年之后，在他偏僻的住处，出现了许多错落有致的城堡，有清真寺式的、有印度神教式的、有基督教式的……1905 年，法国一家报社的记者偶然发现了这群城堡，这里的风景和城堡的建造格局令他慨叹不已。为此，这位记者写了一篇专栏文章用以介绍希瓦勒和他的城堡。文章刊出后，希瓦勒迅速成为新闻人物，许多人都慕名前来参观，连当时很有声望的大师级人物毕加索也专程赶来参观他的建筑。

现在，这个城堡已成为法国最著名的风景旅游点，它的名字就叫作“邮递员希瓦勒之理想宫”。在城堡的石块上，希瓦勒当年刻下的一些话还清晰可见，有一句就刻在入口处的一块石头上：“我想知道一块有了愿望的石头能走多远。”据说，这就是当年曾绊倒过希瓦勒的那块石头。

马克思曾经说过：“不管遇到什么障碍，我都要朝着我的目标前进。”的确，一块石头被烙下一个愿望不难，然而使这块有了愿望的石头能够梦想成真，并非一朝一夕的简单之事。

目标的达成需要这样一股几十年如一日的精神，就像这位邮递员，每天捡一些石头，每天堆一些石头，总有一天能堆砌成理想的宫殿。

# 着眼细处，实现出彩人生

成就大事是很难一蹴而就的，它需要积累，也需要发展。一个人只有从大处着眼、小处着手，不论工作大小均全力以赴，才能确保工作顺利开展，并以高效结束。

毫无疑问，每个人都渴望成功，但成功要靠一步步的积累，一个人能否成就卓越，取决于他是否做什么事都力求做到最好，其中自然也包括那些再平凡不过的小事。所以，在工作中，哪怕事情微不足道，你也要认认真真地把它做好。能做到最好，就必须做到最好。要知道，好多名人，富人都是从基层做起、白手起家。没有长久的锻炼与磨难，人生是不会发光的。做好自己的本职工作，干得出色，就有被提升的机会。连小事都做不好，怎么来干大事？

只有干好每一件事，哪怕是小事，你才有做大事的希望。没有平日的磨难，即使成功了也不会长久。机会只会光顾有缘之人，只有不断地完善自己、提高自己，做好身边的每一件事，你才有和机会约会的可能。每个小事可能都是机会对你的考验。平凡的东西有时也会伟大，伟大的东西其实也很平凡，就看你怎样去对待。

洛克菲勒是美国石油大亨，他的老搭档克拉克这样说他："他有条不紊和细心认真到了极点，如果有一分钱该归我们，他要拿来；如果少给客户一分钱，他也要客户拿走。"洛克菲勒对数字极度敏感，他常常在算账，以免钱从指缝中悄悄溜走。他曾给西部一个炼油厂的经理写过一封信，严厉质问："为什么你们提炼一加仑油要花1分8厘2毫，而另一个炼油厂却只需9厘1毫？"这样的信还有："上个月你厂报告有1119个塞子，本月初送给你厂10000个。本月份你厂用去 9537 个，却报告现存 1012 个。其他 570 个塞子哪去了？”这样的信据说洛克菲勒写过上千封。他就是这样在书面数字上精确到毫、厘、个，以此析出公司的生产经营情况和弊端所在，从而有效地经营着他的石油帝国。

有的人总想做大事，这是无可非议的，但是要知道，成就大事，是很难一蹴而就的，它需要积累，需要发展，也需要过程。任何人踏上工作岗位后，都需要经历一个把所学知识与具体实践相结合的过程，需要从一些简单的工作开始这种实践，并从实践中不断学习。所以，面对一件不起眼的小事，你要一丝不苟地扎扎实实做好。

很多企业的发展史也充分说明了这一点。那些有着雄厚的资本，有着豪华的办公楼，有着知名品牌的大公司；想当年开始创业之时，哪会有如今气派？正是那创业者一步一步地努力，一点一滴地积累，才使一个名不见经传的小摊、小店，发展成今日的远近闻名的大公司。由小到大，由不知名到闻名，这就是发展的规律。

台湾的巨富、著名的实业家王永庆就是一个很好的例子。由于家境贫寒，他不得不辍学从商。当他第一次做买卖时，筹得的资金仅有 200 元。他只好在一个最小的巷子里，租用一个很小的铺面卖米。由于地方太偏，铺子又小，所以开张的初期生意冷冷清清，很少有顾客上门。

怎么打开这难堪的局面呢？怎么让自己的米店销路好些呢？他当然没有钱做广告，也没有钱将店铺搬迁到繁华的地方。他只能从自己的条件出发，那就是提高商品的质量。

当时的台湾农业生产还很落后，稻谷的收割与加工还完全靠手工进行。收割后的稻谷都摊放在马路上晾晒，然后再脱粒，在收割与晾晒中难免会混入一些沙子、小石子之类的杂物，人们只能在淘米时，再经过一番挑拣。当然，有些人常常抱怨，但处处都这样，人们也无可奈何，只好慢慢地习以为常了。

王永庆就想：我要是少休息一些，自己先挑选一下，让卖出的米干干净净，让顾客不再费挑拣的工夫，我的米肯定会受欢迎。他说干就干，带着两个弟弟一起动手，不怕麻烦地将米中的秕糠、砂石之类的杂物一一拣出来。这样，他出售的米就干净多了。

没有杂物的米成了王永庆米店的特点，很快受到顾客的欢迎，谁不愿意用同样的价钱买到不需要挑拣的干净米呢？一传十，十传百，顾客的口碑成了不花钱而实实在在的广告。就这样，虽然位置偏僻，但王永庆的小米店渐渐顾客盈门，而且生意越做越大。

这就是王永庆掘出第一桶金的故事，它告诉我们：富豪的创业，并非仅凭天赋，也并非一开始就有惊天动地的创造，而是从极平凡、极普通、极细小的事情着手的。这种事应该是人人都能够做，而且是都能做得到的。

通观一些成功人士，他们都不是那种不切实际的人，他们常常是从基层干起，从小事做起，踏踏实实地干下去，从而逐渐发展起来的。像香港的著名企业家李嘉诚也是这样。由于父亲突然去世，使得家庭的重担一下子就落到了十几岁的李嘉诚身上。他通过打工来维持整个家庭。他一开始在茶楼做跑堂的伙计，他不嫌这职位小；后来又到一家公司做推销员，他也十分敬业，不停地寻找买主。他的奋斗历史，实际上就是他踏踏实实干事的历史。

中国著名的思想家老子曾说过："天下难事，必作于易；天下大事，必作于细。"这精辟地指明了一个道理：想要成就一番事业，必须从简单的事情做起，从细微之处着手。一心渴望伟大、追求伟大，伟大却了无踪影；甘于平淡，认真做好每个细节，伟大却不期而至。成功者的共同特点，就是能做小事情，能够抓住生活中的一些细节，踏踏实实地做下去。

## 与其等待，不如创造机会

一个人无论才能如何出众，如果不善于把握，那他就得不到成功的青睐。许多成就大事的人，更多的时候是主动地争取、积极地创造，寻求有利自身发展的一切机会。

成功的机遇来到你面前，最终能不能为你所获，能不能替你创造财富，这还要看你的选择能力。选择是需要付出代价的，有时候差之毫厘、谬以千里，一失足成千古恨。一个人如果有时间坐下来想想自己走过的路，多多少少总会有一些对当初选择的悔恨。有人说："人生的悲剧说穿了就是选择的悲剧，随意选择将失去更好的选择。"我们姑且不论前半句话是否真实，但就成功而言，后半句话很值得重视。

俗话说："酒香不怕巷子深。"这话只适合过去，如今是"酒香也怕巷子深"。一个人无论才能如何出众，如果不善于把握，即使是匹"千里马"，那他也得不到"伯乐"的青睐。所以人需要自我表现，而且自我表现时必须主动、大胆。如果你自己不去主动地表现，或者不敢大胆地表现自己，你的才能就永远不会被别人知道。

在电影《飘》中扮演女主角郝斯佳的费雯丽，在出演该片前只是一位名不见经传的小演员。她之所以能够因此而一举成名，就是因为大胆地抓住了自我表现的良好机遇。

当《飘》已经开拍时，女主角的人选还没有最终确定。毕业于英国皇家戏剧学院的费雯丽，当即决定争取出演郝斯佳这一十分诱人的角色。可是，此时的费雯丽还默默无闻，没有什么名气。怎样才能让导演知道自己就是郝斯佳的“最佳人选”呢？这个问题成为她需要解决的一大关键。经过一番深思熟虑后，费雯丽决定毛遂自荐，方法是自我表现。一天晚上，刚拍完《飘》的外景，制片人大卫又愁眉不展了。突然，他看见一男一女走上楼梯，男的他认识，那女的是谁呢？只见她一手扶着男主角的扮演者，一手按住帽子，居然把自己扮作郝斯佳的模样。

大卫正在纳闷时，突然听见男主角大喊一声：“喂！请看郝斯佳！”大卫一下子惊住了：“天呀！真是踏破铁鞋无觅处，得来全不费功夫。这不就是活脱脱的郝斯佳吗？”费雯丽被选中了。

可见，命运由我们自己做主，幸福在于自己去寻求，无论身处逆境、顺境或是俗境，时刻要以一种乐天知命而不信命的态度超越自己，去做自己命运的主人。一个人，无论他多么勤奋、多么有才华本领，如果不善于抓住机遇，就很难成功。“过了这个村，就没有这个店。”这句话道出了把握住机遇的必要性和紧迫性。曾经有人对包括比尔·盖茨在内的世界上500位影响力巨大的成功人士进行过研究，发现对每个人一生中拥有的人生事业有重大影响的机遇只有六七次。但是，很多人往往对第一次都抓不住，因为太年轻；最后一次也抓不住，因为太老了。在剩下的几次中一般又会错过两次，最后只剩下两三次机会。由此可见，机遇对每个人来说都是公平的，但是对于渴求成功的人来说，机遇的质量重于数量。

一个成功者，不但要善于选择对自身成长最有效用的机遇，还要主动放弃那些对成功帮助不大的机会，尽可能使机遇在成功之路上发挥出最大的作用。对机遇的到来要有敏锐的嗅觉和判断能力，一旦把事情审查清楚，计划周密，就不再怀疑，要敢于当机立断、果断行事。这样，当别人对机遇的到来还茫然不觉的时候，你就能捷足先登，抢占先机，抓住机遇，从而大获全胜。

从北戴河卖水开始，李晓华先后经历了放录像、让“章光101”风靡日本、投资香港楼市、投资马来西亚土地，而从2002年起，他却来到了美国，干起了生物制品。通过他的财富之路,可以清晰地感受到,李晓华在追逐财富的路上没有重复自己,而是靠着自己的商业判断,最终获得了成功。也许正是他的财富之路和常人不太一样,所以人们对他的财富之路一直觉得十分神秘。

“成功有什么条件吗? 成功有什么秘诀吗?”这是很多人问李晓华的问题,李晓华的回答是:“成功是需要选择的。”他认为,“果断抓住每一个机遇,是我今天的座右铭,也是我成功的秘诀,是选择让我不断地从成功走向更大的成功。”

在李晓华看来,他的商业游戏规则就是“急流勇退”,只有这样,才能保持自己的投资,才能发现更新的机会。当然,看着李晓华的财富之路,也许有人会感觉李晓华的“投机”色彩比较重。但在李晓华自己看来,经商就是寻找机会,就是抓住“机遇”。

李晓华认为,成功不完全取决于年龄、学历,也不完全取决于你的经济实力、社会背景,“世界上80%的成功者,都出身于贫寒的家庭,我创业时候的条件远远不如他们,论学历我初中没有毕业,论资金我身无分文,论家庭背景,我家祖祖辈辈都是穷人,但是我经过努力,我成功了。”

机遇隐藏在一切事物中。幸运之神是否光临,取决于我们的思维和反应。不知变通,就是“守株待兔”,机会来了也会从手边溜走;而灵感迸发,抓住机会,就可能跟幸运女神撞个满怀。善于变通的人能从不经心的一句话、不相关的一件事中寻找到成功的机会。

培根指出:“智者所创造的机会,要比他所能找到的多。”世界上最需要的,正是那些能够制造机遇的人。时机虽是超乎人类能力的大自然的力量,但人在机遇面前,并不都是被动的、消极的。许多成就大事的人,更多的时候是积极地、主动地争取机会,创造机会。人在待机之时,不能放松蓄锐养精的准备,要时时窥测方位、审时度势、见缝插针,以寻求有利于自身发展的一切机会。

* * * * * * * * * * * * * * * * * * * * * * * * * * * * * * * * * * * * * * * * * * * * * * * * * * *

# 认清自己，在最佳的位置获得成功

［第三章］

对自己有一个正确的认识，是做人的一个最起码的要求。许多时候，人们往往对自己的幸福熟视无睹，却觉得别人的幸福很耀眼。其实，每个人都有属于自己的位置，安心过好自己的生活，享受自己的幸福，才是快乐之道。世界上没有两片完全相同的树叶，人也一样，每个人都是上天的宠儿。正确认识自己，既看到自己的长处，也认识到自己的不足，为自己正确定位，这样才能自信地迎接机遇和挑战，为自己创造更多的成功和欢乐。

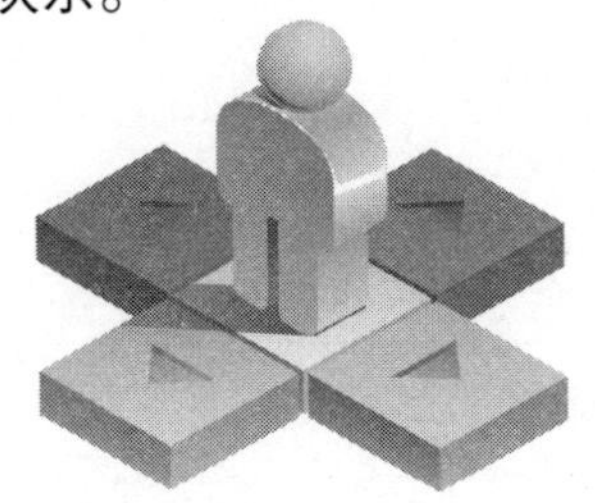

* * * * * * * * * * * * * * * * * * * * * * * * * * * * * * * * * * * * * * * * * * * * * * * * * * *

## 认识自我,找准你的位置

对自己有一个正确的认识,是做人的一个最起码的要求。只有找到适合自己的人生坐标,你才能充分发挥自己的聪明才智,从而到达成功的彼岸。

每个人自从懂事时起,就会问自己这样的问题:我是谁?我从哪里来?我往哪里去?这是人生最复杂的问题,又是人生必须面对的问题。人生的很多问题在一定程度上都取决于能不能对自己有正确的认识。

然而,一个人要想认识自己,又谈何容易?一辈子不认识自己而做出了可悲之事的大有人在。亨利·比彻尔说:"一个人需要思考的,不是自己应该得到什么,而是自己是什么。"认识自己,是非常困难的。但对自己有一个正确的认识,是做人的一个最起码的要求。只要你在自己的人生道路上,找到适合自己的人生坐标,你就能够充分发挥自己的聪明才智,从而到达成功的彼岸。尼采曾经说过:"聪明的人只要能认识自己,便什么也不会失去。"正确认识自己,才能使自己充满自信,才能使人生的航船不迷失方向,才能获得你想要的成功。

达尔文《自传》表明,正因为他对自己有深刻认识,才使他把握住自己的素质特点,扬长避短,取得了突破性的成就。他十分谦逊又自信地谈到:"热爱科学,对任何问题都不倦思索、锲而不舍,勤于观察和收集事实材料,还有那么点儿健全的思想。"但他又认为自己的才能很平凡:"我的记忆范围很广,但是比较模糊。""我在想象上并不出众,也谈不上机智。因此,我是蹩脚的评论家。"他还对自己不能自如地用语言表达思想深感不满:"我很难明晰而又简洁地表达自己的思想……我的智能有一个不可救药的弱点,使我对自己的见解和假说的原始表述不是错误,就是不通畅。”

作家朱自清也曾分析过自己缺乏小说才能的短处,在散文集《背影》自序中说:“我写过诗,写过小说,写过散文。25 岁以前,喜欢写诗,近几年诗情枯竭,搁笔已久……我觉得小说非常的难写,不用说长篇,就是短篇,那种经济的、严密的结构,我一辈子也写不出来。我不知道怎样处理我的材料,使它们各得其所。至于戏剧,我更始终不敢染指。我所写的大抵还是散文多。”

“认识你自己”被公认为是希腊哲人最高智慧的结晶。一个不断经由认识自己、批判自己而改造自己的人,智慧才有可能渐趋圆熟而迈向充满机遇之路。只有在认识了自己之后,你才能自信起来、坚定起来,成为有韧性、有战斗力的强者。认识你自己,就好像你多了一双睿智的眼睛,时时给自己添一点远见、一点清醒、一点对现实更为透彻的体察与认知。借这份认知,可以少干很多日后追悔莫及的事情。经常把“自己”放在嘴里嚼一嚼,并不比捶胸顿足、以头抢地多费力气。认识你自己,充实你自己,这样你就不会哀叹:世界之大,竟找不到自己的立足之点。

对自己的认识不是一次就可以完成的,不仅要依靠建立在反馈基础上的自我动态调节,也要借助别人对自己的中肯意见。人首先应该给自己一个定位,自己到这个世界上来究竟是干什么的,必须有个十分清晰的描述,离开了这个描述,人就会迷茫,就会失去前进的方向,就会在一个个十字路口徘徊,这样的人生是没有意义的。客观地认识你自己,知道你自己的长处,找到自己的发展方向,走一条自己的路,这对于你未来的发展、你的成功,有着事半功倍的效果。

主持《正大综艺》的四年造就了杨澜,盛名之下的她,却毅然放下“金话筒”出国留学。此举震惊了很多人,最后一期节目中,“难忘那朵兰花”的话语说出了她那少有人知的心声。对于这次离去,杨澜说:“主持人这个行当有某种吃‘青春饭’的特征,我不想走这样的一条道路。我相信,如果一个人不充实自己,前程将是短暂的。”两年后拿了学位的杨澜选择了回国，“传媒离不开特定的社会环境，在自己的国家可以做的事更多。”从加盟凤凰卫视到创立“阳光文化”公司，杨澜不断地改变自己的角色设置。但是，千变万化的杨澜从没有偏离做媒体这个大方向，她清楚地知道，这是自己的优势，她的目标就是不断向这个方向上的更高层次迈进。生活中的每一次选择实际上都是人生的一个转折，而杨澜的每一次选择都包含着她对自己对未来的清醒把握和预测。“一个人要想成功的话，一个最重要的基础，就是先要明白自己到底要干什么，成功的意义应该是由自己确定的……”这些话闪烁着杨澜的智慧，并由此决定了杨澜的成功。

毫无疑问，研究自己的目的就是更清楚地认识自己，找到与自己的素质相对应的目标，凭着自己素质上的信号找到这一目标后，才能攻其一点，攻出成果，由此及彼，不断扩大。认识你自己，找到最适合你的位置，开发属于你的领域，这是走向成功的一条捷径。

世界上没有两片完全相同的树叶，人也一样，每个人都是上天的宠儿。正确认识自己，既看到自己的长处，也认识到自己的不足，为自己正确定位，这样才能自信地迎接机遇和挑战，为自己创造更多的成功和欢乐。虽然生活赋予我们每个人的并不是完全相同的阳光和雨露，但上天是公平的，天生我材必有用，只要我们正确认识自己，不失自知之明，就能谱写自己的篇章。

## 综合考虑你的个人能力和职业方向

一个人成就的大小、事业的成败，往往取决于对职业的选择。一般来说，职业及事业决定着人生的基本格局。一个人要成功，必须找准个人能力和职业的最佳结合点。

在人生的各个方面，职场是一个重要的舞台。一个人工作的好坏、成就的大小、事业的成败，往往取决于对职业的选择。一般来说，职业及事业决定着人生的基本格局。成功的人说：选择好的事业、选对好的老板才有出路，反之，只能死路一条。选择，已经成为我们这个变化万千的时代最常用的词语之一。俗话说，“人挪活，树挪死。”“人往高处走，水往低处流。”“良禽择木而栖，良臣择主而事。”这些说的都是选择。

有些人在智商方面可能并没有什么超常的地方，但借助“上帝之手”，他们都有某个特质是超出常人的。这种时候，只有使这些能让自己成就大事的特质得到充分的发挥，人才有可能成长并且走向成功的道路。每个人在给自己定位或者确定方向的时候，总会受到外界这样或者那样的影响，其中包括父母长辈的期望。在这种情况之下，一个人很容易受外在事物的影响，不遵从自身特质的指引，走上一条受他人影响、甚至由别人指定的道路。对于任何人而言，这都是一种悲哀。每个人遇到这种情况时，都应该坚持，坚持自己的特质。

台湾著名漫画家朱德庸25岁红透宝岛，《双响炮》《涩女郎》《醋溜族》等作品在中国台湾深受人们喜爱；在中国内地，他的漫画也非常畅销。然而，小时候的他是一个“问题孩子”，并认为自己非常笨。十多岁以后，他发现自己对文字反应迟钝，但对图形很敏感。于是他在学校里画，回到家里也画，书和作业本上的空白地方都画得满满的；在学校受了哪个老师的批评，一回到家就画他，狠狠地画，让他“死”得非常惨。后来有媒体发现了他，为他开设漫画专栏。因为找准了自己能力与职业的最佳结合点，他最终成为一位优秀的漫画家。

找工作、创业也好，谈恋爱、择偶也罢，或者人生中的其他事情，很大程度上都是一个选择和被选择的过程。如果说被选择要靠机缘的天巧，要靠很多人、很多事的积累和铺垫，多少带着一点宿命色彩，那么选择的主动权则牢牢掌握在我们自己手里。选择决定命运。人生中会有几个关键的十字路口，选择正确时会沿着正确的道路一帆风顺地通向正确的目标，选择失误时就可能磕磕绊绊，受尽挫折，末了也可能又绕回到原来的路口，以丢失时间和精力、成功和快乐为代价，换取重新选择的机会。所以，一定要慎重地对待选择，既不能抱定当“烈士”的信念去瞎闯，也不能犹疑不定错失了良机。

赵本山还是一个农民时，有人说他重活干不了、轻活不愿干，光会耍嘴皮子。但他硬是把嘴皮子耍成一门功夫，成了小品明星。篮球飞人乔丹成名前到一家二流职业棒球队打棒球，成绩一般，只好悻悻而归。可见，一个人要成功，必须找准个人能力和职业的最佳结合点。

必须把不同个性的人放在最合适的岗位上，才能发挥出最大的潜能。比如，一个喜新厌旧的人，对于一个保守的企业而言，可能是经常批评公司及主管的叛逆分子，令人头痛不已。但如果他去从事创意方面的工作，可能会大受欢迎，因为他总能提出新的想法。要找准最佳结合点，更多的时候还是要靠自我发现。

在畅销书《贾平凹谈人生》中，贾平凹说：“我比别人好的一点就是我的吃饭和我的理想是统一的，不像有些人，与爱好是断裂的。比如说我现在爱好的是文学，我整天却给人跑推销，理想和吃饭问题老是割裂，会产生一种痛苦。我的好处就是三十多岁开始就统一了，是理想，同时还是生存之道。这点恐怕是一生比较幸运的一个地方。”

人生总有一个最适合你的位置，它能让你的才能发挥得淋漓尽致，让你置身其中，即使忙忙碌碌也会不知疲倦，即使面对千难万险也不会想到退缩。你会为它痴狂，为它心醉，为它倾其一生。

找准最佳结合点后，还要学会放弃。一位经常跳槽、最后一无所成的博士生这样感叹：如果能以对待孩子的耐心来对待工作，以对待婚姻的慎重来选择去留，也许事业会是另外一番样子。世界上没有全能的奇才，你充其量只能在一两个方面取得成功。在这个物竞天择的年代，你只能聚集全身的能量，朝着最适合你的方向，专注地投入，才能成就一个优秀的你。

生活中太多的机会总是伴随着太多的诱惑和迷失，所以面临选择时还要学会放弃和拒绝。有人说人的一生注定会有一条最该去走的使命之路，也有人说但做好事、不计前程，走到哪里鲜花就会开到哪里。不管你是赞同前者还是后者，选择的力量总是藏在我们内心，选择好了就别轻易言悔。

## 最好的未必适合，适合的才是最好的

许多时候，人们往往对自己的幸福熟视无睹，却觉得别人的幸福很耀眼。其实，每个人都有属于自己的位置，安心过好自己的生活，享受自己的幸福，才是快乐之道。

幸福在哪里？带着这样的问题，芸芸众生，茫茫人海，我们始终在努力寻找答案。其实，幸福是一个多元化的命题，我们在追求着幸福，幸福也时刻地伴随着我们。只不过很多时候，我们身处幸福的山中，在远近高低的角度看到的总是别人的幸福风景，却不曾悉心去感受自己所拥有的幸福天地。

怎样生活才是最好的生活？答案很简单，只要是最适合自己的，便是最好的、最美的。许多时候，人们往往对自己的幸福熟视无睹，却觉得别人的幸福很耀眼。想不到，别人的幸福也许对自己并不适合；更想不到，别人的幸福也许正是自己的坟墓。这个世界多姿多彩，每个人都有属于自己的位置，有自己的生活方式，有自己的幸福，何必去羡慕别人？安心享受自己的生活，享受自己的幸福，才是快乐之道。

在河的两岸，分别住着一个和尚与一个农夫。和尚每天看着农夫日出而作、日落而息，生活看起来非常充实，令他相当羡慕。而农夫也在对岸，看见和尚每天都是无忧无虑地诵经、敲钟，生活十分轻松，令他非常向往。因此，他们的心中产生了一个共同念头：“真想到对岸去！换种新生活！”

有一天，他们碰巧见面了，两人商谈一番，并达成交换身份的协议，农夫变成和尚，而和尚则变成农夫。当农夫来到和尚的生活环境后，这才发现，和尚的日子一点也不好过，那种敲钟、诵经的工作，看起来很悠闲，事实上却非常烦琐，每个步骤都不能遗漏。更重要的是，僧侣刻板单调的生活非常枯燥乏味，虽然悠闲，却让他觉得无所适从。于是，成为和尚的农夫，每天敲钟、诵经之余都坐在岸边，羡慕地看着在彼岸快乐工作的其他农夫。

至于做了农夫的和尚，重返尘世后，痛苦比农夫还要多，面对俗世的烦扰、辛劳与困惑，他非常怀念当和尚的日子。因而他也和农夫一样，每天坐在岸边，羡慕地看着对岸步履缓慢的其他和尚，并静静地聆听彼岸传来的诵经声。

这时，在他们的心中，同时响起了另一个声音：“回去吧！那里才是真正适合我的生活！”

每个人都有自己存在的价值，你也许羡慕别人的生活比你快乐，你也许认为别人的日子过得比你好，然而，你看过他们生活中的另一面吗？人们总是习惯于羡慕别人，却很少有人想到羡慕自己。只有懂得羡慕自己的人，才是真正值得羡慕的人！

一个人来到这个世界上总有许多值得别人羡慕的地方，即使处在人生的低潮亦是如此。一个人事业受挫了，但他还有成功的机会；一个人下岗了，但他还有健康的体魄，一切可以从头开始。和那些更不幸的人相比，这一切太值得羡慕了，也太应该珍惜了。不必羡慕别人的美丽花园，因为你也有自己的沃土，也许你的花不如别人的漂亮、名贵，但是你的花可能给人类提供更多观赏以外的价值，这便是别人的花没有的优势。

在茫茫的职业大海中，要找到自己的位置，寻回属于自己的一叶舟。它可能很小，但也会载你乘风破浪，让你体会惊涛的险象，感味成功的酸甜。若你伏在岸边，选择不定，大船你会错过，小船你也会错过，最终只能在海中挣扎几下，渐渐消失在深不可测的海底。看清自己，了解自己，不要低估，也不要抬高，客观地评价，正确地选择自己的方向。做好自己，你便是一道美丽的彩虹，海水为你汹涌，鸟儿为你歌唱。

十几年前，有一名学习不错的女孩，由于没考上大学，被安排在本村的小学教书。由于讲不清数学题，不到一周就被学生们轰下了讲台。母亲为她擦眼泪，安慰她说，满肚子的东西，有人倒得出来，有人倒不出来，没有必要为这个伤心，也许有更适合你的事等着你去做。

后来，女儿外出打工。先后做过纺织工、市场管理员、会计，但都半途而废。然而，每当女儿沮丧地回来，母亲总是安慰她，从没抱怨。30 岁时，女儿凭一点语言天赋，做了聋哑学校的辅导员。后来，她又开办了一家残障学校。再后来，她在许多城市开办了残障人用品连锁店，这时的她，已是一位拥有几千万资产的老板了。

一天，女儿问母亲，前些年她连连失败，自己都觉得前途渺茫的时候，是什么原因让母亲对自己有信心？母亲的回答朴素而简单。她说，一块地，不适合种麦子，可以试试种豆子；如果豆子也长不好，可以种瓜果；如果瓜果也不济，撒上一些荞麦种子，一定能够开花。因为一块地，总会有一种种子适合它，也终会有属于它的一片收成。

一块地，总会有一种种子适合它。每个人，在努力而未成功之前，都在寻找属于自己的种子。我们就如同一块块土地，肥沃也好，贫瘠也好，总会有属于这块土地的种子。你不能期望沙漠中有绽放的百合，你也不能奢求水塘里有孑然的绿竹，但你可以在黑土地上播种五谷，在泥沼里撒下莲子，只要你有信心，等待你的，将会是稻色灿灿、莲香幽幽。

对于还在寻找种子的人们而言，道路是漫长而又艰辛的。也许前途渺茫，也许挫折重重，但只要你坚信自己有能力，并且有毅力，那么你必定会在某一时刻、某一地点找到属于自己的种子。它或许会躲在崖缝里，或许会藏在深山中，但你一旦找到它，它便会给你带来好收成。因为，这种子是为你而生、为你而长，而寻找的过程，教会你要懂得珍惜。

其实，人生不需要太圆满，有个缺口让福气流向别人也是件很美的事。懂得每个人的生命都有欠缺，就不会与他人作无谓的比较，而是会更珍惜自己所拥有的一切。好好数数上苍给你的东西，你会发现自己所拥有的其实很多，你的人生也会快乐很多。

## 放下不擅长，离成功更近一步

成就卓越的人的成功首先得益于他们充分了解自己的长处，并根据自己的特长来进行定位或重新定位，永远保持特质，最后他们得到了一片蓝天。

要想成功，必须学会选择；要学会选择，必须先了解自己，做自己的主人。要清楚自己想要什么，目标是什么，了解自己的优势和劣势，选择能发挥优势、避免劣势的“饭碗”。经济学中有一个“木桶原理”，即木桶的容水量取决于“短板”的长度，而不是“长板”。而一个人能否成功，也许并不完全取决于他的“短板”，而是取决于他的“长板”。

美国社会专家研究显示，人的智商、天赋都是均衡的，或许你在某一方面有优势，但不一定在别的方面能够赢过人家，有优势的同时就会存在劣势。其实，每个人都具有自己的某种优势，都有适合自己的工作。同时，人不是完人，不可能在每个领域都十分突出，有时候缺陷甚至十分明显。不同的人，生理素质、心理特点、智能结构等必然千差万别。有的多条理，善于分析；有的多灵气，富有幻想；有的擅巧计，能于谋略；有的富形象，善于表演。只要比较准确或大致对应地找到自己的成功目标或方向，他的机遇就或早或晚、或近或远存在于这个方向的轨迹上。

客观地认识你自己，知道你自己的长处，找到自己的发展方向，走一条适合自己的路，这对于你的成功有着事半功倍的效果。相反，如果你在一个你不擅长的方面辛苦拼搏，成效可能不会很大，甚至无功而返。

奥托·瓦拉赫是诺贝尔化学奖获得者，他的成才经历极富传奇色彩。瓦拉

赫在开始读中学时,父母为他选择的是一条文学之路,不料一个学期下来,老师为他写下了这样的评语:“瓦拉赫很用功,但过分拘泥,这样的人即使有高超的智慧,也绝不可能在文学上发挥出来。”父母亲尊重老师的意见,让他改学油画。可瓦拉赫既不善于构图,又不会润色,对艺术的理解力也不强,成绩在班上是倒数第一,学校的评语更是令人难以接受:“你是绘画艺术方面的不可造就之才。”面对如此“笨拙”的学生,绝大部分老师认为他已成才无望,只有化学老师认为瓦拉赫做事一丝不苟,具备做好化学实验应有的品格,建议他试学化学。父母接受了化学老师的建议。这下,瓦拉赫智慧的火花一下被点着了。文学艺术的“不可造就之才”一下子变成了公认的化学方面的“前程远大的高材生”。在同类学生中,他遥遥领先……

瓦拉赫的成功,说明这样一个道理:人的智能发展都是不均衡的,每个人都有智能的优点和弱点,一旦找到自己的智能的最佳点,使智能潜力得到充分的发挥,便可取得惊人的成绩。这一现象人们常称之为“瓦拉赫效应”。成功的诀窍在于经营自己的个性长处,经营长处能使自己的人生增值,否则必将使自己的人生贬值。

每个人都有自己的长项和短项,如果抱着自己的短项不放,那就荒废了自己的长项。人生的成功,很大程度上取决于自己在长项与短项上的抉择。在成功心理学看来,判断一个人是不是成功,最主要的是看他是否最大限度发挥了自己的长项(或叫优势)。成功学家通过研究发现,人类有四百多种优势,这些优势本身的数量并不重要,最重要的是你应该知道自己的优势是什么、短项是什么,之后要做的就是敢于放弃短项,将你的生活、工作和事业发展都建立在你的优势上,这样你才会成功。

每个人都具有特殊才能,既然如此,每个人就应该在各方面都能尽量灵活运用自己的这项特殊才能。事实上,偏偏有很多人以为自己所具有的这项才能，只是一些不登大雅之堂的“玩意儿”，根本不曾想过利用这项“小玩意儿”来提高身价。

德塞纳维尔是别人眼里一无是处的庸才，但他总觉自己有点与众不同的地方。有一天，他脑子里飘起一段曲调，他便将它大致哼出来，并用录音机录了下来，请人写成乐谱，名为《阿德丽娜叙事曲》。阿德丽正是他的大女儿。曲子谱好后，他就在罗曼维尔市找了一个游艺场的钢琴演奏员为之录音。这个演奏员毫无名气，穷酸得很。德塞纳维尔给他取了个艺名，叫理查德·克莱德曼……这一弹奏在音乐界引起了轰动，唱片在全世界一下子卖了2600万张，德塞纳维尔轻而易举地发了财。他说：“我不会玩任何乐器，也不识乐谱，更不懂和声。不过我喜欢瞎哼哼，哼出些简单的大众爱听的调儿。”德塞纳维尔只作曲，不写歌，他的曲子已有数百首，并且流行全球。几十年来，德塞纳维尔靠收取巨额版税，腰缠万贯。

一个人做自己擅长的事，是获取成功的一件法宝。每个人在年轻的时候都会立大志，但不是每个人都能当科学家、发明家。培养一技之长，一步一步去累积自己的个人资源，才是成大事的必由之路。许多成就卓越的人士，他们的成功首先得益于他们充分了解自己的长处，并根据自己的特长来进行定位或重新定位，最终他们找准了真正属于自己的行业。

成功人士都是这样，保持特质，最后他们得到了一片蓝天。人的兴趣、才能、素质是不同的。如果你不了解这一点，没有把自己的所长利用起来，你所从事的行业需要的素质和才能正是你所缺乏的，那么你将会自我埋没。反之，如果你有自知之明，善于设计自己，从事你最擅长的工作，你就会获得成功。每个行业都有它存在的价值，只要你选准位置，做出成绩，就会受人尊敬，或成为某一领域的专家。劣势可以变优势，只要努力去选择，就会有收获。

## 多一门技艺，多一条路

财是死的、技是活的，守死财不如守活技，一样的人，几乎同样的内在条件，如果你能拿得出一两手绝活，自然会在众人中脱颖而出，如此一来，成功的日子也就不远了。

在现代的经济社会里，竞争非常激烈，没有一技之长，恐怕只有下岗待业的份儿。更为可悲的是，许多人纵有种种的文凭证书和技术证书，真正到实践中，还不如一个老技工有优势。显然，有些人的失业是理所当然的，怨不得别人，只能怪自己学艺不精。所谓“艺多不压身”，现在许多人在干好本职工作的同时，都在不断地充电，无论是年轻的，还是年老的，谁停下脚步，谁就会落后，就会被淘汰。

平时人们一谈论成功，往往认为那是高学历者的事情。其实，这种看法很片面。学历高、知识丰富、有专业的技能，自然成功的机会要多一些，但绝不是只有这种情况才能够成功。成功之门总是为有决心、有准备的人敞开着，只要你肯于打拼，那么，你就可以成功。多一门手艺，不但有活路，而且有金路。就算遇上天灾人祸，你也可能幸存下来。

我的一位表哥毕业于××市卫生学校，只懂得一点简单的医学知识，甚至连打吊针都不会。其他方面的知识就更差，既不知道《边城》里有个翠翠，也不晓得路遥就是《平凡的世界》的作者。英语差得离谱，只会说些日常用语。然而，毕业后他留到了市卫生局工作，后来又调到了市政府秘书办。为什么呢？这就是因为他有一技之长。本来，凭他仅会说几句英语、会点懵懂的医学知识，这样好的单位绝对是进不去的，然而，就因为他从小勤学苦练写得一手好字，所以能够立足于××市里最好的单位。可见，在我们竞争如此激烈的当今社会，人要有一技之长不但必要，而且非常重要。

拥有一种专门的技能要比有十种心思来得有价值，有专门技能的人随时随地都在这方面下苦功求进步，时时刻刻都在设法弥补自己的缺陷和弱点，总是想要把事情做得尽善尽美。而有十种心思的人则不一样，他可能会忙不过来，要顾及这一点又要顾及那一个，由于精力和心思分散，事事只能做到“尚可”为止，结果当然是一事无成。

明智的人最懂得把全部的精力集中在一件事上，唯有如此，方能实现目标。与其把所有的精力消耗在许多毫无意义的事情上，还不如看准一项适合自己的重要事业，集中所有精力，埋头苦干，全力以赴，如此方能取得杰出的成绩。

现代社会的竞争日趋激烈，你必须专心致志，对自己的工作全力以赴，这样才能做到得心应手，有出色的业绩。“家有万贯，不如薄技在身。”这句话并非说你身上那点本事有多么优秀、值多少多少，而是说财是死的、技是活的，守死财不如守活技，因为这样更长久。创业也是一个同样的道理，大家都是一样的人，几乎同样的内在条件，如果你能拿得出一两手绝活，自然会在众人堆中脱颖而出，如此一来，成功的日子也就不远了。

有一位农村中年妇女，因为女儿在国外，于是到移民局去申请绿卡。办理管理员通过和她交谈，知道她只读过小学一年级，英语只会说 ABC。于是移民官理所当然地摇了摇头：不行，这个人的素质太差了。然而这位妇女坚持她的申请，理由是她有一技之长。移民官不耐烦之余问她有何专长，这位中年妇女回答说她会剪纸，说着就从提包里拿出一把剪刀和几张皱皱巴巴的彩纸，仅仅三四分钟的时间，这位妇女就剪出了一只可爱的喜鹊，还剪出了一枝漂亮的梅花。她把喜鹊放在梅花上，对移民官说：“这叫喜上眉梢。”移民官大为惊喜，倒是也有了喜上眉梢的味道，连连称赞，说：“很好很好，真想不到你有这样灵巧的双手，你是有技术的，你完全有资格去定居。”于是他立即给那位妇女办了绿卡。

这位妇女终于凭着一技之长获得了多少人梦寐以求的绿卡，可见栋梁之才也未必胜过有一技之长者。人生在世，安身立命，你必须有一样拿得出手的专长。因此，对一技之长保持兴趣相当重要，即使它不怎么高雅入流，也可能是你改变命运的一大财富。选择职业同样也是这个道理，你无须考虑这个职业能给你带来多少钱，能不能使你成名，重要的是，你应该选择最能使你全力以赴、最能使你的品格和长处得到充分发挥的职业。

如果你想成为一个才识过人、无人可及的人物，就一定要排除大脑中许多杂乱无序的念头。如果你想在一个重要的方面取得伟大的成就，那么就要大胆地举起剪刀，把所有微不足道的、平凡无奇的、毫无把握的愿望完全“剪去”，在一件重要的事情面前，即便是那些已有眉目的事情，也必须忍痛“剪掉”。

世界上无数的失败者之所以没有成功，主要不是因为他们才干不够，而是因为他们未能集中精力、不能全力以赴地去做适当的工作，他们将自己的大好精力东浪费一点、西消耗一些，而他们自己竟然从未觉悟到这一问题——如果把心中的那些杂念剪掉，使生命力中的所有养料都集中到一个方面，那么他们将来一定会惊讶：自己的事业竟然能够结出这么美丽丰硕的果实！

## 选择你所爱的，爱你所选择的

只有做自己感兴趣的工作，才能够有所进步，并达到事业的巅峰。成功的奥秘是：不论做什么，都要从自己的兴趣入手，才能让自己做得出类拔萃。

爱因斯坦说过："热爱是最好的老师。"心理学家所提供的事实和数据也表明：有成就的人所选择的都是他们衷心热爱的职业，他们首先追求的是使自己满意，而不是着眼于外部的东西，如提级、加薪、掌权之类，而结果是，这些人理所当然地获得了更多物质和精神上的财富。因为热爱自己所干的一切，所以工作越干越好，报酬也就相应地越来越高。这种对自己职业的热爱，就等于减少了来自社会环境的一大障碍。

老师热爱教书，画家热爱画画，这就是"投入"的魔力。当然，投入也不是万能的。如果是一个在音乐方面毫无天赋的人，无论他怎么投入、怎么努力，也始终不能成为一名音乐家。反过来，一个人已经具备一定的天赋，朝着自己既定的方向努力，倾注非凡的投入，那他就一定会是一位成大事者，获得物质上和精神上的双丰收。这里有诺贝尔奖获得者杰拉德斯·图夫特的一段话，他的成长经历在杰出人士这一群体中就很具有代表性。

当杰拉德斯·图夫特还是一个3岁的小男孩时，一位老师问他："你长大之后想成为怎样的人？"他回答："我想成为一个无所不知的人，想探索自然界所有的奥秘。"图夫特的父亲是一位工程师，因此想让他也成为一名工程师，但是他没有听从。"因为我的父亲关注的事情是别人已经发明的东西，我很想有自己的发现，创作出自己的发明。我想了解这个世界运作的道理。"正是本着这样的渴求,当其他孩子正在玩具或者在电视机前荒废时间的时候,小小的图夫特就在灯前彻夜读书了。“我对于一知半解从来不满足,试图知道事物的所有真相。”他很认真地说。

图夫特告诫我们:最重要的是一定要决定你要走什么样的道路。你可以成为一名科学家,可以去做医生,但是一定要选择你的道路。世界上没有完全相同的两个人!这就是人类能够取得各种各样成就的原因。没有必要强迫一个人去做他不感兴趣的工作。如果你对科学感兴趣,你要尽量找一些好的老师,这一点非常重要。即使是这样,你也不一定就会获得诺贝尔奖,这些事情是可遇而不可求的,你不能过于注重结果,你不要期望一定能取得什么样的成就。如果你真正地投入到一个领域当中,倘若那不是你想要得到的,那么你也不能从中发现真正的乐趣。保持自己的特长,让自己前行的道路能够顺应自己固有的特质延伸,对于我们每个人的成长,可谓至关重要。

人生本来就需要作选择,而且一定要作“对”的选择,秘诀就是“择你所爱,爱你所择”。

在选择将来自己要从事的职业和领域上,最明智的莫过于日本软件银行的董事长孙正义了,他在《福布斯》的年度富豪排行榜上名列全球第四,被誉为“日本的比尔·盖茨”。

在美国读完大学后,孙正义回到了日本,成立了 Unison World 股份有限公司。孙正义成立这家公司的目的就是通过它来确定自己未来的事业是什么,为此他必须进行社会调查。而他深知进行社会调查只凭借个人的力量是根本没有办法完成的,所以他才成立了这家公司。

通过拜访各式各样的人和阅读各式各样的书籍,孙正义列出了总共 40 项自己想要从事的行业。针对这些行业,孙正义进行了一连串的市场调查,并将结果与检查项目表对照,判断这些是不是适合自己投入一生的事业。

孙正义针对这40项事业，分别编出10年的预估损益平衡表、资产负债表、资金周转表以及组织图，还依照不同的时间顺序编制了不同的组织图。如果将孙正义进行调查的资料书面文件集中起来，每摞大约有三四十厘米高，全部加到一起足足有10米高。

这项工作花去了孙正义将近一年的时间。经过很长时间的思考后，孙正义最后选择了从事软件的流通事业。他曾经这样说过："我不愿意用情性或者是偶然的因素决定自己的命运和人生方向，一定要在个人有了充分了解的基础上，决定自己未来的人生大道。当然，一旦拟定自己的人生计划，我就会立即去付诸实施……"

任何事业，不是彻底追求、用一生的精力去经营，而是靠偶然的运气，就无法获得真正的成功。一旦决定开始自己的事业，就必须花很多年的时间全心全意地投入，若失败重新来过的话，会浪费更多无谓的时间和金钱。所以，一定要亲自拟定一个自己可以接受的事业。

莎士比亚曾说："对自己要真实，如此，你就可以永远呈现出最美的面孔。"这就是说，你只有做自己感兴趣的工作，才能够有所进步，并达到事业的巅峰。我们从一些成功人士的身上细细观察，就会发现他们的事业总是和自己的兴趣紧紧联系在一起。正是因为这一点，他们总能对工作怀着无限的热情和喜爱，并全力以赴地为之奋斗和付出。朗费罗说："成功的奥秘没有别的，只不过是从事自己所爱的工作罢了。不论做什么，都要从自己的兴趣入手，才会让自己做得出类拔萃。"

假使你不喜欢一份工作，只是为了"钱"而不得不与之为伍，10年、20年之后，有一天你可能会猛然发觉，自己的人生竟然如此贫乏，耗尽半生光阴却没有做过一件令自己快乐的事。如果你选择自己喜欢的事去做，虽然赚钱不多，却乐此不疲，结果你反而会发现，由于坚持所爱，不仅让你彻底发挥了才能，甚至让你终能闯出一番不凡的局面。

作选择的确很难，不会有人告诉你如何选择好坏、对错。唯一的衡量标准就是，一旦做起来感觉兴味盎然，那就对了！不要迟疑，赶紧去找一件让你充满干劲的事来做，如果你愿意为了这件事每天迫不及待地全力投入，那么，你离美梦成真就不远了！

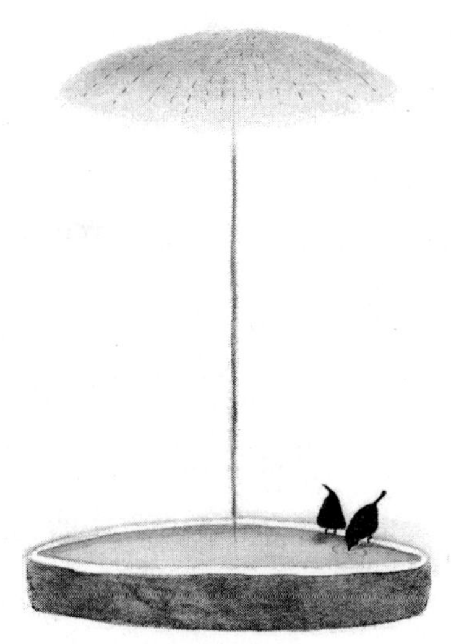

## 在适当的时机,做适当的事

勇于追求与勇于放弃,都是智人之举。人生道路上有许多事可做,有许多方向可以选择,但无论你现在做的是什么,都一定要记得随时选择一条最适合你的路。

世界是多彩的,世事是多变的。我们来到这世上,大部分人都是平凡无奇地度过一生,无绚丽,无颂歌。可我们每一个人都有选择人生的权利。知足,然后能无为;知不足,方能有所为。领悟了这一点,人活着就会清醒而不盲目,奋发有为而不至于庸碌一生。选定人生奋斗目标,便不懈努力、持之以恒,这是一种智慧,也是一种幸福。放弃自己不能为、不想为的,是一种明智,也是一种境界。

勇于追求与勇于放弃,都是智人之举。亚里士多德言:“人生的价值在于觉醒而不是生存。”是啊,人是该对自己、对社会有个清醒的认识,然后作出明智的选择。只有选准了自己的人生坐标,才能绘出精彩,灿烂一生。人生道路上有许多事可做,有许多方向可以选择,但有一条原则不能变,那就是无论你现在做的是什么,你都一定要记得随时选择一条最适合你的路。

乔·吉拉德1929年出生在美国一个贫民窟,他从懂事起就开始擦皮鞋,做报童,然后又做过洗碗工、送货员、电炉装配王和住宅建筑承包商等。但由于没有找到最适合做的事,他一直没有取得成功。朋友都弃他而去,他还欠了一身的外债,连妻子、孩子的吃喝都成了问题。为了养家糊口,他开始卖汽车,步入推销生涯。

乔·吉拉德以极大的专注和热情投入到推销工作中，只要碰到人，他就把名片递过去，不管是在街上还是在商店里，他抓住一切机会，推销他的产品，同时也推销他自己。三年以后，他成为“世界上最伟大的销售员”。谁能想到，这样一个不被看好还背了一身债务、几乎走投无路的人，竟然能够在短短的三年内被吉尼斯世界纪录称为“世界上最伟大的推销员”呢？他至今还保持着销售昂贵产品的空前纪录——平均每天卖6辆汽车！他一直被欧美商界称为“能向任何人推销出任何商品”的传奇人物。

虽然乔·吉拉德做过很多种工作，而且屡遭失败，但是他懂得改变，懂得不断探索、寻找最适合自己的道路，他不被以前的种种工作所牵绊，最后把自己定位在做一名销售员上，终于获得了成功。可见，要想成功，就必须灵活把握住自己人生的航向，懂得及时改变，否则，你就将在无所适从中迷失自己的方向。

人生何尝不是这样，刻意就是在不适当的时候作不适当的要求，是希望世界上的事按你的想法去实现。刻意只能让你感到生活一团糟。很多时候，你往往会在不经意中顺其自然地得到了一切。作家班塞尔·欧文说过一段令人印象深刻的话：“在其位的时候，总觉得什么都不能舍，一旦真的舍了之后，又发现好像什么都可以舍。”曾经做过杂志主编、翻译出版过许多知名畅销书的班塞尔·欧文，在四十多岁事业最巅峰的时候退下来，选择当个自由人，重新思考人生的出路。

40岁那年，欧文从人事经理提升为总经理。8年后，他自动“开除”自己，舍弃堂堂“总经理”的头衔，改任没有实权的顾问。正值人生最巅峰的阶段，欧文却奋勇地从急流中跳出，他的说法是“我不是退休，而是转进”。

“总经理”3个字对多数人而言，代表着财富、地位，是事业身份的象征。然而，短短8年的总经理生涯，令欧文感触颇深的，是诸多的“无可奈何”与“不得而为”。他全面地打量自己，他的工作确实让他过得很光鲜，周围想巴结自己的人更是不在少数，然而，除了让他每天疲于奔命、穷于应付之外，他其实活得并不开心。这个想法促使他决定辞职。“人要回到原点，才能更轻松自在。”他说。

辞职以后，他把司机、车子一并还给公司，应酬也减到最低。不当总经理的欧文，感觉突然好了起来，他把大量的精力拿来写作，抒发自己在广告领域多年的观察与心得。“我很想试试看，人生是不是还有别的路可走。”他笃定地说。事实上，欧文在写作上很有天分，而且多年的职场经历给他积累了大量的素材。现在欧文已经是某知名杂志的专栏作家，期间还完成了两本管理学著作。欧文迎来了他人生的第二个辉煌。

心理专家分析，一个人若是能在适当的时间选择作短暂的隐退（不论是自愿还是被迫），那会是一个很好的转机，因为它能让你留出时间观察和思考，使你在独处的时候找到自己内在真正的世界。唯有离开自己当主角的舞台，才能防止自我膨胀。虽然失去掌声令人惋惜，但往好的一面看，“隐退”就是进行深层的学习，一方面挖掘自己的潜力，一方面重新上发条，平衡日后的生活。当你志得意满的时候，是很难想象没有掌声的日子的。但如果你要一辈子获得持久的掌声，就要懂得享受“隐退”。

事实上，“隐退”很可能只是转移阵地，或者是为了下一场战役储备新的能量。但是，很多人认不清这点，反而一直缅怀着过去的光荣，他们始终难以忘记“我曾经如何如何”，不甘于从此做个默默无闻的小人物。走下山来，你同样可以创造辉煌，同样是个大英雄！

人生是一条漫长而艰辛的道路，人最大的痛苦莫过于选错了方向。当你不小心走进人生的死胡同时，一定要懂得反省，及时调转方向，寻找另一条更适合自己的道路。当你找到了最合适的位置时，你将领悟到：为寻找这个位置，你所作出的改变、付出的牺牲与代价，都是非常值得的。

## 平凡者，也可以不平凡

平凡的积累就是不平凡，一切伟大的行动和思想都有一个微不足道的开始。只要肯用心，任何卑微的人都能在最平凡的工作中做出最不平凡的成绩，成长自己希望成为的人！

在生活中，我们常常看到的是一些才能并不出众、表现平平、安分守己的人，也就是我们所说的“平凡的人”。但平凡不等于平庸，伟大常常出自平凡。只要我们的信心多一分，成功就会离我们近一步，不要老是给自己泄气，其实那些成功的人都是充满自信的人。按照皮鲁克斯的观点：“相信自己不平凡，才能最终达到不平凡之境。”一个人要培养自信，必须选择先从意志和观念上入手，相信自己是一个有用之才，能够凭借自己的能力打出一片成功的天地。这就是说，首先你要自信自己是个有用的人，精力充沛，豪情万丈，活得有滋有味。

因此，在遭遇到困难的时候，不可专注于灾难的深重，而应当努力去寻找希望，努力去寻求可改变现实的积极之路。大哲学家尼采说过：“受苦的人，没有悲观的权利。”因为受苦的人必须突破困境才能不再受苦，而悲伤和哭泣只能加重伤痛，所以非但不能悲观，反而要比别人更积极。

美国汽车大王亨利·福特年轻时，曾在一家修车厂做修车工人。有一次，他刚领了薪水，兴致勃勃地到一家他一直十分向往的高级餐厅吃饭。可亨利·福特在餐厅里待坐了差不多 15 分钟，居然没有一个服务生过来招呼他。最后，餐厅中的一个服务生勉强走到桌边，问他是不是要点菜。

亨利·福特连忙点头说是，只见服务生不耐烦地将菜单粗鲁地丢到他的桌上。亨利·福特刚打开菜单，看了几行，耳边传来服务生用轻蔑的语气说道："菜单不用看得太详细，你只适合看右边的部分（意指价格），左边的部分（意指菜色），你就不必费神去看了！"亨利·福特非常生气，恼怒之余，不由自主地便想点最贵的大餐。但一转念之间，又想起口袋中那一点点可怜微薄的薪水，不得已，咬了咬牙，只点了一份汉堡。

服务生离去之后，亨利·福特并没有因为花钱受气而继续恼恨不休。他反倒冷静下来，仔细思考，为什么自己总是只能点自己吃得起的食物，而不能点自己真正想吃的大餐。从那之后，亨利·福特给自己立下志向，不管怎样，以后一定要成为社会中顶尖的人物。后来，亨利·福特一直朝着自己的梦想前进，最终由一个平凡的修车工人逐步成为美国叱咤风云的汽车大王。

贫穷不是错误，我们所有的人原本都可能是贫穷的，差距是在后来的岁月里逐渐形成的。别抱怨自己卑微的起点，那不是你一生平庸的理由，也不是你没有出类拔萃的根据。成功或失败都不是一夜之间造成的，平凡的积累就是不平凡，一切伟大的行动和思想，都有一个微不足道的开始。科学家罗素曾说过这样的一句话："从科学意义上来说，人类社会没有天才，成功者也非天才，成功者之所以成功，主要是自信、主动决定了他走向成功。"

只要肯用心，任何卑微的人都能在最平凡的工作中做出最不平凡的成绩，都可以成长为富有的人、成功的人、自己羡慕和希望成为的人！面对屈辱，我们要努力把它变成好事。要懂得痛定思痛。卑微的理由可以有千万条，而杰出的原因则只需要那么一丁点儿。生命开始的地方可以千姿百态，成功和财富开始的地方需要的只是用心耕耘。

有一位教授曾讲起过他的经历："在我多年的教学实践中，发觉有许多在校时资质平平的学生，他们的成绩大多在中等或中等偏下，没有特殊的天分，有的只是安分守己的诚实性格。这些孩子走上社会参加工作，不爱出风头，默默地奉献。他们平凡无奇，毕业分别后，老师同学都不太记得他们的名字和长相。但毕业几年十几年后，他们却带着成功的事业来看老师，而那些原来看来有美好前程的孩子，却一事无成。这是怎么回事?”

老教授常与同事一起琢磨，最后得出一个结论：成功与在校成绩并没有什么必然的联系，而是和踏实的性格密切相关。平凡的人比较务实，比较能自律，比别人更努力，所以许多机会落在这种人身上。平凡的人如果加上勤能补拙的特质，成功之门必会大方地向他敞开。

有些人总是很羡慕他人突然像彗星一样横空出世，却忽视了他人在能够发光之前所下的功夫、所忍受的寂寞和所挨过的苦难。这些人之所以能跑得快一些，是因为他们所付出的努力比别人更多。努力是成功的捷径之一，而且是成功必须付出的代价。你要想成功，要想做得更好、更出色，那么你就必须比别人付出更多、更努力。否则，成功不会属于你。

成功的人永远比他人做得更多，当别人放弃的时候，他们却在坚持；当别人享受休闲的乐趣时，他却在刻苦；当别人正躺在床上呼呼大睡时，他却已投入了工作和学习中。是的，无论你是狮子还是羚羊，当太阳升起的时候，你要做的就是奔跑，尽管有的为早餐，有的为生命。因为目的从来是没有过失的，况且我们处于不同的角色中。也许你奔跑了一生，也没有达到彼岸；也许你奔跑了一生，也没有登上峰顶。但是抵达终点的不一定是勇士；失败了的，也未必不是英雄。不必太关心奔跑的结局如何，奔跑了，就问心无愧；奔跑了，就是成功的人生。

一条永远值得我们记住的哲理是：成功永远不在于一个人知道了多少，而在于他努力了多少。

# 第四章 走对路，智慧的抉择让你成就辉煌

在人生旅途中，你肯定会遭遇许多两难的问题。选择就意味着你需要放弃其中的一样，很多时候，你所要作出的选择并不是丢失芝麻或丢弃西瓜这么简单的小事，它有可能是两朵美丽的花，两块同等价值的宝石，两个同样让你心仪的人，让你两样都难抛下。这时，你又该如何是好？这时关键的所在，就是我们要看清前行的方向。

## 路选对了，远比一味地奔跑更重要

一个有才华的人，会比常人更快地抵达梦想的彼岸，但是，如果他选错了人生发展的方向，那么，他就会与成功背道而驰。因为有时才华不等于成功。

方向对一个人来说是非常重要的，方向错了，再怎么努力也只能是徒劳。人生旅途中，我们会遭遇许多两难的问题。选择就意味着你需要放弃其中一样，可有时我们所面对的并非西瓜和芝麻这样简单的选择，它有可能是两朵美丽的花，两棵繁茂的树，让你两样都难以抛下。

这时，你又该如何是好？其实关键的所在，就是我们要看清前路的方向。方向找对了，就是一个成功的开始，而好的开始是成功的一半。一个能看清方向的人，就有如行驶在海上的船，不会迷失在风中。

帕瓦罗蒂小时候就显示出了唱歌的天赋。长大后的帕瓦罗蒂依然喜欢唱歌，但是他更喜欢孩子，并希望成为一名教师。于是，他考上了一所师范学校。临近毕业的时候，帕瓦罗蒂问父亲："我应该怎么选择？是当教师呢，还是成为一个歌唱家？"他的父亲这样回答："孩子，如果你想同时坐两把椅子，你只会掉到两个椅子之间的地上。在生活中，你应该选定一把椅子。"

听了父亲的话，帕瓦罗蒂选择了教师这把椅子。不幸的是，初执教鞭的帕瓦罗蒂因为缺乏经验而没有权威，最终他被迫离开了学校。于是，帕瓦罗蒂又选择了另一把椅子——唱歌。可是，近七年的时间过去了，他还是无名小辈。失败让他产生了放弃的念头。这时，冷静下来的帕瓦罗蒂想起了父亲的话，于是他坚持了下来。几个月后，帕瓦罗蒂在一场歌剧比赛中崭露头角，被选中在

雷焦·埃米利亚市剧院演唱著名歌剧《波希米亚人》。演出结束后,帕瓦罗蒂赢得了观众雷鸣般的掌声。随后,帕瓦罗蒂应邀去澳大利亚演出及录制唱片。1967 年,他被著名指挥大师卡拉扬挑选为威尔第《安魂曲》的男高音独唱者。从此,帕瓦罗蒂的声名节节上升,成为活跃于国际歌剧舞台上的最佳男高音。

当一位记者问帕瓦罗蒂成功的秘诀时,他说:“我的成功在于我在不断的选择中选对了自己施展才华的方向。我觉得,一个人要体现他的才华,就在于他要选对人生奋斗的方向。”

当你陷进泥塘里的时候,就应该及时爬出来,远远地离开那个泥塘。有人说,这个谁不会啊!而事实上,不会的人很多。比如,一个不适合自己的公司,一堆被套牢的股票,一场“三角”或“多角”恋爱,或是一个难以实现的幻梦……在这样的境遇里,你再怎样挣扎也无济于事,真正聪明的做法就是调整方向,重新来过。

走最短的路,还是走最快的路?一个人不只是在坐出租车时能遇到这种情况,人生的时时刻刻都会面临着这样的选择,这种选择有时让人很无奈,因为一个人的一生时间是有限的,机会是有限的,只能选择最快的路。但若是走最快的路,有时还得走一段艰辛的路,被荆棘划破皮肉,被乱石扎破脚,可为了快点到达目的地,也只能忍受一些苦难。

一个有才华的人,会比常人更快地抵达梦想的彼岸,但是,如果他选错了人生发展的方向,那么,他就会与成功背道而驰。因为有时才华不等于成功。在这个世界上,有才华而与成功背道而驰的人比比皆是。这是因为选择的错误,致使他们不是毫无意义地浪费了才华,就是使自己的才华被渐渐地埋没了。下面的这个故事,会给我们更深刻的启示。

这个故事发生在 1887 年美国南部一个小镇上。一天,一位六十岁左右、相貌不凡的绅士在一家小杂货店里买了一盒香烟后,递给店员 20 美元并等待找剩下的钱。店员接过钱放入钱匣,接着开始找零钱。突然,她发现拿过菜而弄湿了的手上粘有钞票上的墨水痕迹。经过几秒钟的紧张思考,她认为,作为她的老朋友、老邻居、老顾客——伊曼纽尔·尼戈先生一定不会给她一张假钞。于是她如数找出零钱,伊曼纽尔·尼戈便离开了蔬菜店。

过了一些时候,那个店员还是有些不放心,便把那张钞票送到了警察局。毕竟,在1887年,20美元不是一个小数目。一名警察确认钞票是真的,另一名警察则对擦掉了的墨迹大为怀疑。他们怀着好奇心与责任心,来到了尼戈先生的家里。

令他们吃惊的是,他们竟然在尼戈家里找到了一架伪造20美元钞票的机器,发现了一张正在伪造的20美元钞票。同时,他们也看到了尼戈先生绘制的三幅肖像画。尼戈先生是一名杰出的艺术家。他熟练地运用名家的手笔,细致地一笔一笔地描绘出那些20美元假钞。他几乎骗过了每一个人,但最后命运安排他不幸地暴露在一双湿手上。

尼戈被捕后,他的肖像画被拍卖了16000美元,每幅画均超过5000美元。这个故事的奇妙之处在于,尼戈几乎用了同样的时间来画一张20美元假钞和一幅价值超过5000美元的肖像画。

当然,这是一个极端的例子。这个故事告诉我们:如果你没有选择一个正确的人生方向,即使你空有一身才华,也无法成功,甚至会给自己带来麻烦和灾难。所以,一个人的才华与才干如果不是发挥在正面索取上,受害最深的往往是自己。每个人在成长的道路上,都会遇到各种各样的不幸,当不幸的打击降临的时候,如果你不能正确地认识它,即使你再有天赋和才华,也只能像流水一样,空度一生。

## 智慧的选择胜过忙碌的打拼

一个人认准一个目标，奋力向前，本来是一件好事情。可是问题在于，如果这个目标是错的，那么，由此导致的恶劣后果，恐怕比没有目标更为可怕。

坚持是一种良好的品性，但在有些事上，过度的坚持，会导致更大的浪费。一个人认准一个目标，奋力向前，本来是一件好事情。可是问题在于，如果这个目标是错的，而他仍要奋力向前，且自以为自己意志坚定、态度坚决，那么，由此导致的恶劣后果，恐怕比没有目标更为可怕。在错误的道路上行走，还不如止步不前。

因此，在一些没有胜算把握和科学根据的前提下，应该见好就收，知难而退。在成功的道路上，我们一定要警惕，不能盲目，要听别人的意见。在这里，我们还要说一说一个演员的故事。这个演员由于抛弃了无谓的坚持，在奋斗的道路上不断地改变自己的方向，最终取得了辉煌的成功。这个演员，就是香港一代影后张曼玉。

张曼玉的成功现在是尽人皆知。而过去，在她成长的道路上，她却曾经为她错误的坚持付出过惨重的代价。刚进入演艺圈的时候，她还是个少女，那时，她只想在银幕上扮靓，只肯演妩媚动人的少女。演了几部电影之后，却没有得到预期的效果，观众不认可她的妩媚，不认可她演美貌少女时的表演。这个时候，圈里的人就劝她，以她的形象、她的演技，她应该有很大的发挥余地，如果不是总演少女，也许会取得成功。这个建议本来是很好的建议，可那时，张曼玉很相信自己的演技，也相信自己的相貌、相信自己的青春。于是，她固执己见，继续演少女。这样又演了几部戏，结果，还是没有取得她预期的成功。

屡遭挫折之后，她终于放弃了那些无意义的坚持，决定改变戏路。于是，一个接一个全新的角色就出现了。从《新龙门客栈》里的老板娘，到《宋家王朝》里的宋庆龄；从《家有喜事》里的新娘子，到《甜蜜蜜》里的打工妹；从《济公》里的放荡妓女，到《青蛇》里的可爱青蛇……她角色多变，演技出色。张曼玉终于成功了。

这些角色的成功，给张曼玉带来了巨大的声誉，她连续四次获香港金像奖最佳女演员奖。可以说，她获得了辉煌的成功。而这成功，当然得归功于她及时放弃了无意义的坚持。

人生总要面临选择，选择的同时也就意味着要舍弃一些东西。选择固然要紧，但是选择的背后又往往蕴藏着两条截然相反的路：一条是通向成功的，但又是崎岖、蜿蜒的小路，路上布满了锋利的荆棘；另外一条是会领你走向失败的"光明大道"，它会使你在无意间来到悬崖峭壁。

人的精力是有限的，我们不应该奢求拥有所有想要的东西，只要拥有最重要的那一部分就够了，因此我们要学会智慧地舍弃。如果你懂得智慧地舍弃，而且有一种坚实的信念，那么，你终究会通往成功，终究会跨过进入胜利殿堂的"最后一道门槛"；但是，如果你什么都想要，或者只是选择，却没有坚定的信念，那么，即使你的智商再高，也终将一败涂地，只能绕着所谓的"目标"来回绕圈。

有一个非常勤奋的青年，经过多年的努力，仍然没有长进，他很苦恼，就向智者请教。智者叫来正在砍柴的 3 个弟子，嘱咐说："你们带这个施主到五里山，打一担自己认为最满意的柴火。"年轻人和 3 个弟子沿着门前湍急的江水，直奔五里山。

等到他们返回时，智者正在原地迎接他们——年轻人满头大汗、气喘吁吁地扛着两捆柴，蹒跚而来；两个弟子一前一后，前面的弟子用扁担左右各担 4 捆柴，后面的弟子轻松地跟着。正在这时，从江面驶来一个木筏，载着小弟子和 8 捆柴火，停在智者的面前。

“大师，让我们再砍一次吧！”那个年轻人请求说，“我一开始就砍了 6 捆，扛到半路，就扛不动了，扔了两捆；又走了一会儿，还是压得喘不过气，又扔掉两捆；最后，我就把这两捆扛回来了。可是，大师，我已经很努力了。”

“我和他恰恰相反，”那个大弟子说：“刚开始，我俩各砍两捆，将 4 捆柴一前一后挂在扁担上，跟着这个施主走。我和师弟轮换担柴，非但不觉得累，反倒觉得很轻松。最后，又把施主丢弃的柴挑了回来。”划木筏的小弟子接过话，说：“我个子矮，力气小，别说两捆，就是一捆，这么远的路也挑不回来，所以，我选择走水路……”

智者用赞赏的目光看着弟子们，微微颔首，然后走到年轻人面前，拍着他的肩膀，语重心长地说：“一个人要走自己的路，本身没有错，关键是怎样走；走自己的路，让别人说，也没有错，关键是走的路是否正确。年轻人，你要永远记住：选择比努力更重要。”

著名的哲学家安冬尼曾说过：“首先到达终点的人往往不是跑得最快的人，而是那些集智慧和力量于一身的、会作出明智选择的人。”当所有的心血与汗水付诸东流，我们便开始抱怨上天不公，我们一直在努力，可为什么成功的不是我们呢？因为我们只知道勤奋，却不知道选择适合自己的方向。

那么，现在你就要问一下你自己了：我现在到底在干什么？我现在所做的能够为自己带来什么？我喜欢目前的处境并愿意坚持下去吗？如果不喜欢，那么我想做什么？我希望做的又能给我带来什么？只有把这些问题弄清楚了，你才可能成功。总之，一定要选择走正确的路，在属于你自己的路上勤奋！记住这句话吧：一个智慧的选择胜过千万个忙碌的打拼。

## 路走得再多，方向不对也是徒劳

很多时候，成功除了坚持不懈外，更需要方向。不会寻找最适合自己前行方向的人，也许他很努力，并且付出了艰辛，可是他最终还是不能成功。

人生道路上，我们常常被高昂而光彩的话语弄昏了头，以不屈不挠、百折不回的精神坚持如一，不肯认输，最终却输掉了自己！在现实生活中确实有一些人在作着无谓的斗争与努力，就像是已经坐上了反方向的公共汽车，还要求司机加快速度一样。有许多人，就因为一生都在走最短的路，结果总是走进死胡同，把大好的时间和年华都浪费掉了。人生需要走些弯路，人生不要怕走弯路，但有一个前提:走弯路是为了最快抵达成功彼岸。

如果你发现自己现在所从事的工作并不适合自己，那你就要赶紧调整前进的方向。不要担心来不及，如果你一直有这样的顾虑，那才真正丧失了大好的时机。当你发现自己真的走错了方向时，最好先静下来想一想，然后再去努力寻找新的机会，并在新的领域里重新开始，立志有所作为。那种明知自己走错了路又前怕狼后怕虎的人，只能是徒自空叹，虚度一生！

有两只蚂蚁想越过前面的一堵墙，寻找墙那边的食物。墙长有二十来米，高有近三米，其中一只蚂蚁来到墙前，毫不犹豫地向上爬去，辛苦地努力着向上攀爬。每到它爬到大半时，就会由于劳累、疲倦等原因而跌落下来，可是它不气馁，它相信只要有付出就会有回报。它更相信只要坚持不懈，就会距离成功越来越近。每一次跌下来后，它都迅速地调整一下自己，又开始向上爬去。

而另一只蚂蚁观察了一下，决定绕过这段墙去。很快地，这只蚂蚁绕过墙

来到食物面前,开始享用起来,而那只蚂蚁还在不停地跌落下去又重新开始。

很多时候,成功除了坚持不懈外,更需要方向。选择一个更适合自己的方向,也许成功来得比想象中更快。庸庸碌碌地不去追求,自然没有成功的机会。可是,不了解自己,不会寻找最适合自己前行方向的人,也许他很努力,并且付出了艰辛,可是他最终还是无法成功。蚂蚁前面的食物就是“理想”,要想最快地获得它,选择明确的方向比盲目地努力重要。

坚持、努力与奋斗是成功的基石,而明确的奋斗方向则是成功的桥梁。很多人在做事的时候都想着如何去做、如何做好,可是往往经过了努力、汗水、付出后,结果却出人意料。于是他们开始怨天尤人,开始感叹身世。我错了吗?我不用心吗?我懒吗?我无能吗?为什么老天待我如此不公?其实出错的关键往往不在过程中,而是在最开始的抉择上。

王慈官对选择与努力的关系有着切身的体会。他用自己的亲身经历说明了:努力不一定有好结果,只有正确的选择加上努力,才会有好的结果。

王慈官曾经担任一家股票上市公司的协理。他服务的这家公司在 1984 年发生经营危机,半年后,他个人也随着公司的财务风暴负债达一千多万。之后,王慈官和几个朋友经营了一家化学原料进口公司,他担任总经理,只做了两年多,因法令改变,无利可图,又告结束。

不久,他又和朋友买了一家工程公司,王慈官当董事长,其实他对工程是门外汉,虽然包过几个几千万金额的工程,但亦无厚利。最后,他决定把公司卖了,再次回到原点。接着,王慈官受聘筹备开设了一家会员制的休闲娱乐公司,他担任副总经理,三年多以后接任总经理。最后,因为与董事会之间发生经营方向策略方面的认识差距,王慈官只好辞职回家。

王慈官在商场上努力了 15 年,每一项事业都是辛辛苦苦从头开始,有赔有赚,经营风险如影随形,许多无法掌握的因素却又是决定成败的关键。王慈官觉得，那份无奈与疲惫的感觉异常强烈，真想停下脚步好好休息一阵。

十几年的岁月经历，王慈宫非常努力，但他的事业经常开始，也经常结束，不停地回到原点。他自己总结是选择的错误所造成的。后来，他重新作出选择，很快就有所成就，并出版了一部非常有影响的著作《远离贫穷》，成为有名气的成功人物。他认为这一次自己的成功，是正确选择的结果。

当你选择了人生的理想之后，如果你不能辨清前进的方向，那么你的努力一定是盲目的，而盲目的努力不会得到预期的效果，得到的只能是苦果。

成功必然需要努力，但必须在选择正确的前提下，努力才会使梦想成为现实。否则，非但不能成功，反而会付出惨痛的代价。

## 目标决定成就，奋斗前先拔高目标

人的目标就像是水，大的成绩就像船，水涨船高，拔高目标并付诸实际行动，就会出成绩，从而使你的地位发生改变。

研究表明，芸芸众生中，真正的天才与白痴都是极少数的，绝大多数人的智力都相差不多。然而，这些人在走过漫长的人生之路后，有的功盖天下，有的却碌碌无为。这本是智力相近的一群人，为何他们的成就却有天壤之别呢？答案就在于人们的目标不同。有的人有一生追求的梦想，他们向着自己的目标不断前进，这样的人最终将赢得辉煌的成就；有的人虽然定了一大堆目标要去实现，却苦于没有毅力坚持下来；有的人更是不知目标为何物，成天浑浑噩噩，这样的人当然无法获得人生的成功。

平凡的人只要有了志向，并为实现自己的理想而去努力地拼搏，照样可以硕果累累。王侯将相，宁有种乎？我为什么不可以是成功的？志存高远，坚忍不拔，定能成就大业。有成就的人总是从新的志向开始的。哪怕你是世界上最平凡的人，只要你认识到自己平凡，你就会不甘于平凡，变化或是源于他人的启发，或是出自你内心的呼唤。

一个炎热的日子，一群人正在铁路的路基上工作，这时，一列缓缓开来的火车打断了他们的工作。火车停了下来，最后一节车厢的窗户打开了，一个低沉的、友好的声音响了起来："大卫，是你吗？"大卫・安德森——这群人的负责人回答说："是我，吉姆，见到你真高兴。"于是，大卫・安德森和吉姆・墨菲——这条铁路的总裁，进行了愉快的交谈。在长达一个多小时的愉快交谈之后，两人热情地握手道别。

大卫·安德森的下属立刻包围了他,他们对于他是墨菲铁路总裁的朋友这一点感到非常震惊。大卫解释说,二十多年以前他和吉姆·墨菲是在同一天开始为这条铁路工作的。其中一个人半认真半开玩笑地问大卫,为什么他现在仍在骄阳下工作,而吉姆·墨菲却成了总裁。大卫非常惆怅地说:"23 年前我为一小时两美元的薪水而工作,吉姆·墨菲却是为这条铁路而工作。"

人的目标就像是水,大的成绩就像船,水涨船高,拔高目标并付诸实际行动,就会出成绩,从而使你的地位发生改变。同样一件东西,人的聪明才智不同、用法不同,效果就会有天壤之别——差别不在于东西本身,根本的原因在于其用与不用、会用不会用,即一个眼光问题。

盛大网络公司在纳斯达克上市,陈天桥凭借 65%的公司股份坐拥 88 亿人民币的财富。"三十而立"的陈天桥完成这些只用了 5 年的时间,并登上了 2004 中国 IT 富豪榜的榜首。他最重要的不是才华、勇气、毅力、机遇……而是眼光。是网络游戏成就了陈天桥,但就算陈天桥当初没有迷上游戏,他一定也能找到其他创业的好点子——关键不是他看上的东西,而是他有穿透性的眼光。

因此,看一个人的眼光是否长远,就能知道这个人有没有昂扬的志气,有没有远大的理想,有没有美好的前途。通常有长远眼光的人,常常能够不拘于现有的状况,对事物发展作出大胆的预测,具有冒险精神,并且有着睿智的头脑,并非凭空去放远他们的眼光,他们懂得如何能够实现目标。一个人的眼光,不仅在于他有没有高瞻远瞩的能力,也在于他有没有丰富的想象力。

作为一个在奥地利长大的年轻人,施瓦辛格下定决心要用一生去做出一些不平凡的事来。他下定决心,确立目标,要成为有史以来最伟大的健美运动员。许多人都认为他疯了,认为他最终会放弃这个目标,因为这需要大量的时间和献身精神。他们认为他一定会放弃这个目标,忘却这个愚蠢的念头,去找一份

“现实的”工作。可是阿诺德又给自己的梦想增加了另一项内容:他不但要成为世界上最伟大的健美运动员,还要成为一位电影明星和国际健美界的领袖!

朋友们都说:“这个想法太疯狂了!”但施瓦辛格把自己的梦想写在一张卡片上,并且把它放在钱包里,随身携带。他跟自己订了一个合同,他一定要实现这些目标。他说正是这份合同促使他、逼着他来到美国,开始向着成为奥林匹亚先生这一目标攀登。他坚持不懈,终于成为好莱坞片酬最高的男演员之一,并且成为健美协会的主席。

一个具有崇高生活目的和事业目标的人,毫无疑问会比一个根本没有目标的人更有作为。很重要的一点是,你的目标越大,你的成就就越大。洛克菲勒说:“你要永远记得,构建伟大的梦想不一定比构建渺小的梦想花费你更多的时间和精力,而它却会带给你更多的回报。”当你的工作只是为了自己短期的利益时,你的动力不是最强烈的,一旦遇到挫折就会放弃。当你的工作是为了长期的利益而着想时,你的动力是强烈的,即便遇到挫折,你也会为了这种使命感而坚持到底并全力以赴。成功者之所以有强大的动力和不断的努力,在于他们内心深处都有一种使命感。

现实生活中,有些人不愿像老鹰那样展翅于高空,他们只愿做一只栖息枝头的平庸麻雀。向下或上的道路,都是由我们自己选择的。向下我们只能看见平庸的生活。而向上,我们不仅能看见人生的美景,更能展示人生的风采。当你到达了人生所追求的目标之时,你的视野就会变得越来越开阔,而开阔的视野不仅会给你带来更多的机遇、更多的财富,还会使你更具创造性,让你一步步走向成功的明天。

# 躲避不幸，终无幸运

面对困境，很多人选择逃离和躲避风险，企图求得暂时的、片刻的安稳，但生活的经验告诉我们，唯有迎着风雨勇敢向前的人，才会获得最终的生存权。

苦难和不幸，没有人欢迎它们，但它们常常不请自来，成为你生命中不可或缺的一部分。很多人都会把不幸视为人生的逆境，认为是命运不公、生活不平，但如果你稍稍留意一下人类的历史进程，便会惊奇地发现，绝大多数有着卓越建树的伟大人物，几乎都在自己的生命中甚至是在小时候就遇到过大不幸。

苦难是一所最好的大学，在这所学校中，你能够学到很多顺境中无法学到的东西；苦难也是天才的进身之阶，每一份磨难在不屈的人面前，都会化为一份礼物，然后假以时日，以幸福或成功的形式来回报你。巴尔扎克曾经说过："苦难对于天才是一块垫脚石，对于能干的人是一笔财富，对于弱者则是一个万丈深渊。"人生不如意之事十之八九，既然无法逃避，那就勇敢面对。正视苦难，才能一路笑看潮起潮涌。

日本"经营之神"松下幸之助，小时候在乡下看见农民洗甘薯，不仅觉得很好玩，还悟出了一番做人的道理。在乡下，农民用木制的特大号水桶装满了要洗的甘薯，然后用一根扁平的大木棍不停地搅拌。在木桶里，大小不一的甘薯随着木棍的搅动，忽沉忽现。有趣的是，浮在上面的甘薯不会永远在上面；沉在下面的甘薯，也不会永远在下面。甘薯总是浮浮沉沉，互有轮替。

洗甘薯是这样，生活何尝不是这样！松下深有体会地说："这种沉沉浮浮、互有轮替的景象，正是人生的写照。每一个人的一生，就像那个甘薯一样，总是浮浮沉沉,不会永远春风得意,也不会永远穷困潦倒。这样持续不停地一浮一沉,就是对每个人最好的磨炼。”

松下在商界声名显赫,业绩辉煌,可是他的一生并不幸福:11 岁辍学;13 岁丧父;17 岁差一点淹死;20 岁不但丧母,而且得肺病几乎亡故;34 岁,唯一的儿子出生仅 6 个月就病故;他一生受病魔纠缠,常常因病而卧床。这就是松下幸之助的一生,他经历的磨难是许多人也曾经历过的。然而,每当他遭受打击与挫折时,就会想起乡下人洗甘薯的那一幕,危机就是转机,逆境能变为顺境。于是,他百折不挠,愈挫愈勇,转败为胜,化危为安。

其实,人生的苦难并不都是坏事,它对一个人的成长具有非常重要的意义,只是你还未察觉罢了。通过苦难,你可以更好地了解自己的内心世界;通过苦难,你可以更大化地挖掘出自身的内在潜力,而这种潜力在顺境中往往处于休眠状态。

成功学大师奥格·曼狄诺曾经指出:“一个人,从出生到死亡,始终离不开受苦。宝剑不磨就不能发光,人不经过磨炼,同样也不会完善,生命热力的炙烤和生命之雨的沐浴让人受益匪浅。”是啊,不知苦中苦,哪来甜中甜?没有经历过苦痛的人生是不完美的人生,经历过苦痛并且勇敢与之作战并最终战胜它的人,才能真正认识自己,认识生活。成龙是香港影坛大哥大级的人物,后来又到好莱坞发展,在好莱坞那强者如林的地方,成龙照样闯出了一番天空。成龙,是华人心目中的超级武打明星,他的成就举世公认,他的成长历程是也充满艰辛苦难的。

成龙 7 岁时,父亲到了澳大利亚;一年多后,母亲也到了异邦,每两年才回港一次,留下成龙一个小孩子在香港自求“生存之道”。根据成龙后来回忆,他跟随于占元师傅学艺的时候,每天清晨 5 时起来,一直要练到半夜 12 点。童年可以说让成龙受到了许多锻炼。于师傅是位“严师”,奉行棍棒教育的宗旨,对他的学生,每个都打,天天都打,只有过年过节时才稍微收手。

由 8 岁开始,成龙已经以童星姿态加入电影圈跑龙套。17 岁时,成龙正式满师。成龙回忆说:“刚满师时,在潜意识中对父母有点不高兴,他们为什么到澳洲去了不理我?”这种潜意识的怨恨感、被遗弃感,会令一个普通人产生自卑而终生被压得透不过气来,甚至整天自怜自悯,怨天尤人,但成龙没有这样。成龙那苦中寻乐的性格令他“戏剧人生”般地发挥创造力,在《笑拳怪招》《师弟出刀》等影片里,他将痛苦的童年戏剧化为受恶人欺侮。苛刻的师傅演变为老顽童式的恩师——他将“酸柠檬”精心制成为可口的“柠檬汁”,使他平地一声雷,成为继李小龙之后最受欢迎的武打明星。

成龙之所以成功,是因为他不为童年背景所挫,不受少年艰苦所折。他自我奋发,不知不觉之间,替自己塑造了个“自我创造”的性格。

中国有句古诗说:“自古雄才多磨难,从来纨绔少伟男。”说的正是这样的道理。我们看到很多成功的人士都是从贫穷中走出来的,他们敢于直面困难,敢于奋起努力,把贫困当作一笔财富来激励自己,在改变贫困的奋斗中成就自己。面对困境,很多人选择逃离和躲避风险,企图求得暂时的、片刻的安稳,但生活的经验告诉我们,妄想处于一个没有风险的世界根本不可能,唯有迎着风雨勇敢向前的人,才会获得最终的生存权。

人生中的暴风雨是成功的试金石,当你能直面它,敢于向它发起挑战,并力争战胜它、超越它,那么再猛烈的暴风雨对你来说又何惧之有呢?接受苦难的考验,迎接生命的光华,当超脱了俗世的桎梏,凌驾于困难之上的你,才能傲然展翅,俯视天地之间。

## 面向阳光，阴影永远在我们后面

大成功靠的是人品，连人都做不好的人，是什么也做不成的。有品德的人生，是高贵向上的；丢弃了品德的人生，是卑微低下的。

人生在世，有许许多多的外在力量在诱惑你、强迫你，扭曲你去做这件事、做那件事，尽管这些事、那些事是你不甘心情愿做的，但是，当你不情愿时，是否静坐深思过？人世间，除了权力、金钱、声望等之外，还有一个给人成功、百验百灵的秘诀。有了它，一个人的潜能可能成倍地施展出来，这不是别的，就是洁身自好的正直品格。

人生需要正直，正直是一个人内心最高贵的品格，有了它才有了荣誉、幸福与成功的可能。一个正直的人因为有正义在他的身后做其坚强的后盾，所以能无畏地面对世界。只有勇于坚持自己原则的、有正直品格的人，才不会在迷茫或是困境中迷失自己的方向。而一旦丢弃了品格，那就等于丢弃了一切，即使这个人有着万贯家产，也得不到他人的认同与尊重，更不可能实现自己对幸福和成功的愿望。

一个人是否有高尚的品格，在平时体现得最真切。缺乏自律这种优良品质的人，容易使自己屈从于不加谨慎考虑的欲望。在知识与思想上，他们容易随波逐流，盲目跟从某些浅薄无知的人。如果一个人没有勇气去克制日常生活中的欲望，实际上很难做到自律，很难培养真正的独立自主的品格。

某大公司准备以高薪雇用一名小车司机，经过层层筛选和考试之后，只剩下三名技术最优良的竞争者。主考者问他们："悬崖边有块金子，你们开着车去拿,觉得能距离悬崖多近而又不至于掉落呢?”“两公尺。”第一位说。“半公尺。”第二位很有把握地说。“我会尽量远离悬崖,愈远愈好。”第三位说。结果这家公司录取了第三位。不要和诱惑较劲,而应离得越远越好。

品格是在各种各样的环境中,在个人或多或少的调节和控制下形成的。一个人如果不能自律自制、洁身自好,日子一天也无法过下去。一个动作,不管它多么微不足道,它也是训练出来的结果,这就如同一根头发,不管它多么细小,它都会留下投影。

汤姆斯·麦考莱说:“在真相肯定无人知晓的情况下,一个人的所作所为,能显示他的品格。”我们当中需要决定别人怎样做事的人不多。但我们每人每天都必须作出许多个人的决定。在街上捡到一个钱包,该把钱私吞呢,还是送交警察呢?这笔交易本是别人的功劳,可以把它据为己有,列在自己的推销记录里吗?除你之外,没有人知道。但是你必须懂得:自己不要随意放纵自己,不要轻易向各种诱惑低头,坚持自己的方向与计划,管理好自己的人生。否则,你很可能因为贪图眼前的“一点点安逸享受”而损失掉生命中真正的财富。

任何人都应该懂得:人格是一生最重要的资本。一个人要想赢得别人的信任,要获得别人的信任与重视,你首先应该做到无私。一切成功均沐浴着一种美德和真诚的情感。每个年轻人都希望获得事业上的成功。总结许多杰出人走过的道路,你会看到,他们遭受失败的原因可能千差万别,成功的经历却大多一致:那就是他们在年少时便养成了达到巨大成功的美德,为日后的纵横四海打下了坚实的基础。

手术室里,一位年轻的护士第一次跟一位著名的外科医生合作,并且担任责任护士。

手术进行了很久,在即将缝合时,女护士严肃地对医生说:“我们手术总共用去了 15 块纱布,可我只见您取出了 14 块。”

医生摇摇头:“纱布一块也没漏下,别耽搁时间了。”

“不!”女护士执拗地说,“肯定用了15块,还有一块没取出来,我们不能缝合。”

医生不予理睬,对其他人说:“手术一切正常,现在听我的,快缝合。”

“您不能这样,”女护士叫了起来,“我们得为病人负责。”

医生脸上突然露出一丝笑容,他松开了一直捏在左手心的第15块纱布。“从今以后,你就是我的正式助手。”医生高声对年轻的护士说。

为人处世,要堂堂正正、光明磊落,如同月亮,只有自身明亮了,才能把自己的光洒在周围,才能赢得大家的信赖。所以,无论何时都要做到心明如月。会做人,这是比金钱、权势更有价值的东西,也是一个人成功最可靠的资本。学会了做人,即使你没有显赫的地位、渊博的学识、强大的靠山,你同样可以取得辉煌的成就。要获得长期的、可持续发展的成功,“拙”和“诚”才是真正的利人利己之道。

大成功的确靠的是人品,连人都做不好的人,是什么也做不成的。李嘉诚曾戏言自己不是“做生意的料”,因为他觉得自己不会骗人,不符合中国人“无商不奸”的标准,令人感叹的是,他偏偏做成了全亚洲独一无二的大生意。

有品德的人生,是高贵向上的;丢弃了品德的人生,是卑微低下的。如果我们拥有充实的内在美,就容易让别人对我们产生好感。一个内涵浅薄的人,是不会散发出慑人的魅力的。记住:一个人的内在素养有多高,成就就有多高。

## 无法创造环境，只能被环境创造

成功的人会自行创造出各种有利于自己的环境，而不是把失败归咎于环境，只要自己有创造环境的勇气，命运就是掌握在我们自己手中的。

人的生存须臾离不开环境。社会环境的变化，会对一个人的命运有直接影响，但是任何一个环境都有可供发展的机遇，紧紧抓住这些机遇，好好利用这些机遇，不断随环境之变调整自己的观念、思想、行动及目标，就有可能在社会竞争的舞台上开创一片天地，站稳自己的脚跟。这就是我们常说的“先适应环境，再利用环境”。

适应环境其实并不是我们利用环境资本的最佳方式。适应环境大多是我们在无法改变现状的情况下的一种无奈选择。比如，我们年幼时，是无法改变环境的；作为普通个人，我们是无法改变大的时代环境的。事实上，在你能够选择的范围内，积极主动地选择对个人有利的发展空间，才是掌控环境资本的最高境界。

有一天，李斯到粮仓外的一个厕所解手，而就是这样一件极其平常的小事，竟改变了李斯的人生态度。李斯刚一进厕所，尚未解手，就看见一群老鼠尖叫着四处逃散。这群在厕所内安身的老鼠，个个瘦小干枯，探头缩爪，且毛色灰暗，身上又脏又臭，让人恶心至极。

李斯看见这些老鼠，忽然想起了自己管理的粮仓中的老鼠。粮仓里的老鼠和厕所里的老鼠的生活境遇差别很大，那里的老鼠一个个吃得脑满肠肥，皮毛油亮，整日在粮仓中痛快吃食，逍遥自在。

看到这些,李斯陷入了沉思:人生如鼠,不在仓就在厕,位置不同,命运也就不同。自己在这个小小的蔡城里这个小小的仓库中做了多年的小文书,从未出去看过外面的世界,不就如同这些厕所中的小老鼠一样吗?自己整日在这里挣扎,却全然还不知外面有粮仓这样的天堂。于是,李斯下定决心,决定换一种活法,为自己开创一个新的天地,使自己由穷困官吏发展为达官贵人。第二天,他就离开了这个小城,去投奔一代儒学大师荀况,开始了寻找“粮仓”之路。20年后,他把家安在了秦都咸阳的丞相府中。

“人生如鼠,不在仓就在厕”,如果安于在厕的现状,得过且过,那么也就注定只能永远在厕了。那些不安分者,他们认定命运是可以改变的,所谓“山不过来,我就过去”,有一种改变命运的理想信念并努力实践之,最终把自己从坏的命运中拯救出来。在人生命运转折的关键处,每一个人都应该问自己:现在所处的环境,是在仓还是在厕?

倘若无所用心,或一处逆境就悲观失望,灰心丧气,那么,机会是不会自动来拜访你的。

环境常有不尽如人意的时候,问题在于个人怎样面对困难和不顺。知道人力不能改变的时候,就不如面对现实,随遇而安。与其怨天尤人,徒增苦恼,不如因势利导,适应环境,从既有的条件中尽自己的力量和智慧去发掘机会。生而为人,无法选择自己的家世背景,但都可以选择自己的生存态度。生活的逻辑总是反复地昭示我们:艰难和挫折是对命运和人生的最好锤炼——树因此而用,人因此而才!

多年前,福建一个穷困乡村里的兄弟两人决定背井离乡到海外去谋一条生路。大哥似乎运气好一些,就像被贩卖的奴隶那样到了比较富庶的旧金山,而弟弟却到了比故乡更穷困的菲律宾。转眼间40年过去了,兄弟俩又幸运地聚在一起。他们的现况已今非昔比:哥哥当了旧金山的侨领,已经子孙满堂;弟弟的情况比哥哥好得多，成了一位享誉世界的银行家。从一般的情况看，经过40年的努力，他们都成功了。我们这里要问的是，为什么兄弟两人在事业上取得的成就有如此大的差别呢？

哥哥介绍他自己的情况说："我到了一个充满白人的社会，自己也没有什么特别的才干，只有用一双手煮饭给白人吃，给他们洗衣服……生活是没有大问题的，但是成就事业的愿望就不敢奢望了。在我的内心深处，就从来没有想过进入上层的白人社会。我认为那样的想法是不切合实际的。"

看见弟弟的成功，做哥哥的不免羡慕弟弟的幸运。弟弟却说："我刚到菲律宾的时候，干的都是一些低贱的事情。过了一段时间，我发现当地有些人既愚蠢又懒惰，于是就做他们不愿做的那些事情。我就这样慢慢地不断收购和扩张，生意也就逐渐做大了。我一直是这样想的，别人可以办到的事情，我凭什么不去做。就是凭着这种信念，我干到了今天这个样子……"

这两兄弟的真实故事，就是很多海外华人奋斗的历史。这个故事告诉我们：影响我们人生的绝不仅仅是自己所处的环境，心态才是控制个人的行动和思想的关键所在。这就是说，要从主观端正态度，不要消极等待，在选择对策时要审时度势，有条件地选择环境和改造条件。

在任何时候，恶劣的环境都比安逸的条件更能激发人们的斗志，并且可能形成一种巨大的力量，带领我们发现一条新路，前往我们从来没想象过的地方。

成功的人会自行创造出各种有利于自己的环境，而不是被一般世俗的环境所影响。拿破仑曾说："我会设法创造或改造那些对我有影响的环境。"不要把失败归咎于环境，否则只会使自己处在困境中，变得更加堕落。只要自己有创造环境的勇气，命运是掌握在我们自己手中的。

## 找到“埋头”和“抬头”之间的平衡点

期望成功时,必须“埋头”学艺苦干;一个阶段过后,我们也应当“抬头”观察。处理好“埋头”和“抬头”的平衡,可以使我们踏上成功的道路!

通常我们所说的命运的转折点,只是我们之前努力所争取到的机会。有的人由于自身的原因,即使偶有机会降临,也难以有效地把握住。而有些人平时加倍努力,时刻准备,因而更易受到机遇的垂青。

当我们期望成功、期望转变的时候,我们必须“埋下头来”或学艺或苦干;但是,一个阶段过后,我们也应当“抬起头来”,想想自己身处的环境是否发生了变化。当走到人生路上一个新的交叉点时,最重要的莫过于选择一个正确的方向。这时候,我们需要的是“抬头”!反过来,当我们作出了前进方向的抉择后,就应当低下头努力耕种。处理好“埋头”和“抬头”的平衡,可以使我们踏上成功的道路,并沿着这条成功的路一直走下去,开始职业生涯中新的转变与飞跃!

就拿毕业于西点军校的美国前国务卿鲍威尔为例,鲍威尔这位黑人领袖虽出身寒微,年轻时却胸怀大志。鲍威尔在一家汽水厂当杂工时,一次,有人在搬运产品中打碎了50瓶汽水,弄得车间一地玻璃碎片和泡沫。按常规,这是要弄翻产品的工人清理打扫的。老板为了节省人工,要干活麻利的鲍威尔去打扫。当时他有点气恼,欲发脾气不干,但一想,自己是厂里的清洁工,这也是分内的活儿。于是,鲍威尔尽力把满地狼藉的脏物扫除得干干净净。

过了两天,厂负责人通知他:他晋升为装瓶部主管。自此,他明白了一个道理:凡事竭尽全力,总会有人注意到自己的。不久,鲍威尔以优异的成绩考进了军校。后来，鲍威尔官至美国国务卿。

人的一生机遇至关重要。但如果不努力，不提高自身素质，则机会很难降临。成功需要持续的好运气，而持续的好运气肯定不是因为运气本身在起作用，而是因为积极主动去准备、去创造运气的态度与把握运气的能力。运气的根源其实就是对待运气的态度。

障碍不可免，困难不可怕，最重要的是脚踏实地，勤修苦练，持之以恒。做事的时候比一般人更加使劲，就能够弥补自己在才能方面的不足。没有一次成功是一劳永逸地完成的，成功是一种每天重复不断的行动，要一天又一天地坚持，不然就会消失。看似紧锣密鼓的工作挑战，永不停歇的环境压力，往往在不知不觉间培养了今日的诸般能力。

人的潜力无穷，能否最大限度地挖掘这些潜能，关键在于是否善于强迫自己、经营自己。希望成功，必须加倍努力。只有不懈努力，才会有丰厚的收获。成功人士有一点是相同的，那就是他们比别人更努力。

有一个自以为是全才的年轻人，毕业以后屡次碰壁，一直找不到理想的工作。多次的碰壁让他伤心而绝望，他感到没有伯乐来赏识他这匹“千里马”。痛苦绝望之下，有一天，他来到大海边，打算就此结束自己的生命。在他正要自杀的时候，正好有一位老人从附近走过看见了他，并且救了他。老人问他为什么要走绝路，年轻人说自己得不到别人和社会的承认，没有人欣赏并且重用他……

老人从脚下的沙滩上捡起一粒沙子，让年轻人看了看，然后就随便地扔在了地上，对年轻人说：“请你把我刚才扔在地上的那粒沙子捡起来。”“这根本不可能！”年轻人说。老人没有说话，从自己的口袋里掏出一颗晶莹剔透的珍珠，也是随便地扔在了地上，然后对年轻人说：“你能不能把这颗珍珠捡起来呢？”“当然可以！”“那你就应该明白是为什么了吧？你应该知道，现在你自己还不是一颗珍珠，所以你不能苛求别人立即承认你。如果要别人承认，那你就要想办法使自己成为一颗珍珠才行。”年轻人蹙眉低首，一时无语。

有的时候，你必须知道自己是普通的沙粒，而不是价值连城的珍珠。你想卓尔不群，就要有鹤立鸡群的资本才行。忍受不了打击和挫折，承受不住忽视和平淡，就很难达到辉煌。若要自己卓然出众，就要努力使自己成为一颗珍珠。

许多有抱负的人都忽略了“积少才可以成多”的道理，一心只想一鸣惊人，而不去做埋头耕耘的工作。等到忽然有一天，他看见比他开始晚的、比他天资差的都已经有了可观的收获，他才惊觉自己这片园地上还是一无所有。这时他才明白，不是上天没有给他理想或志愿，而是他一心只等待丰收，可是忘了播种。人生只是短暂的一瞬，生命的弓弦应该是紧绷不松的。生命不息，奋斗不止，应该是每个人生存的原则，要捕捉机遇，就要积极进取，时刻准备着。

唯一蝉联三次世界冠军的天才教练蓝柏第有一次说：“任何一位顶天立地、有作为的人，不管怎样，最后他的内心一定会感谢刻苦的工作与训练，他一定会衷心向往训练的机会。”

世界上没有一件有价值的东西可以不付出辛勤劳动就获得。不吝惜自己汗水的人，必将有丰厚的收获。一个成功者的成功之处就在于他总是比别人多付出一些，比别人多向前迈进一步。朋友，无论你现在工作如何，请你先试着把自己变成一颗珍珠吧！

# 下篇　后舍得：为心修剪欲望，人生轻松前行

* * * * * * * * * * * * * * * * * * * * * * * * * * * * * * * * * * * * * * * * * * * * * * * * * *

## 有舍才会得：学会放弃，是更深层次的进取

［第五章］

勇于放弃者精明，善于放弃者高明。生命的全部奥秘就在于为了生存而放弃生存。放弃是人生的必修课。没有果敢的放弃，就没有辉煌的选择。与其苦苦挣扎，拼得头破血流，不如潇洒地挥手，勇敢地选择放弃。在适当的时候，舍弃一些东西，换来的将是更加圆满的结果。放弃是一种必要的智能。放弃是一种智慧，是一种豪气，是更深层面的进取。当一切尘埃落定，当一切归于平静，我们才会真正懂得放弃其实也是一种美丽的收获。

* * * * * * * * * * * * * * * * * * * * * * * * * * * * * * * * * * * * * * * * * * * * * * * * * *

## 放弃,需要兼顾勇气与智慧

贪多嚼不烂,贪多更会无厌。舍得放弃的人,是一个理智的人。放弃是另一种形式的选择,放弃的目的是获得,善于放弃的人才是真正的智者。

人生在许多时候都要作出选择,这种选择,就是在舍与得之间权衡利弊。其实,任何时候,作任何决定都是有舍有得的。有一句谚语说得好:“别捡了芝麻,丢了西瓜。”这个得与失的标准非常直观:在得到的时候,我们必须认真地看一看“得”的背后会失去什么。假如这小小的“得”会演变成巨大的“失”,我们何必又去追求它?

做人要量力而行,更要学会放弃。俗话说:舍得舍得,有舍才有得。一舍一得,不舍不得。主动舍弃是一种智者的态度,也是一种生活的艺术。贪多嚼不烂,贪多更会无厌。舍得放弃、能够放弃的人,是一个会生活的人,更是一个理智的人。有所放弃才能有所选择,要获取必须先放弃,放弃是另一种形式的选择,放弃的目的是获得,善于放弃的人才是真正的智者。

2003 年 4 月 26 日,美国登山爱好者拉斯顿到离犹他州东南 150 英里处的蓝约翰峡谷登山探险。在攀过一道 3 英尺长的狭缝时,一块巨石挡住了去路。他试图将其推开,不料它摇晃了一下,突然下滑,把他的右臂夹在石壁中。尽管拉斯顿想方设法用左手去推巨石,却始终无法抽出右臂。那天,他的探险设备、干粮水壶和急救包等一应俱全,唯独没带手机。于是,他只好原地躺着,保存实力,等待别人来救援。干粮吃完了,拉斯顿便靠饮水度日。到了第四天,水壶中一点水也没有了。

第五天早晨，当浑身无力的拉斯顿从断断续续的睡眠中醒来时，他终于明白：蓝约翰峡谷过于偏僻，人迹罕至，只有靠自己救自己了。他最后下定决心，用随身带的8厘米长的袖珍小折刀给自己的右手臂实施截肢。钻心彻骨的剧痛和大量失血使拉斯顿差点昏厥，但他仍然坚持从急救包中取出杀菌膏和绷带，给切断的右臂作了紧急止血处理。

拉斯顿跌跌撞撞上路了，走出7英里后被两名登山者发现。不久，一架救援直升机飞来了，拉斯顿终于获救，他的壮举使他成为美国人心目中的英雄。

放弃是一种灵性的觉醒，是一种慧根的显现，一如放鸟返林、放鱼入水。人生是艰难的航行，绝不会一帆风顺。当必须放弃时，就果断地放弃吧。放得下，才能走得远！有所放弃，才能有所追求。什么也不愿放弃的人，反而会失去最珍贵的东西。

许多的事情，总是在经历过后以后才会懂得。一如感情，痛过了，才会懂得如何保护自己；傻过了，才会懂得适时地坚持与放弃。在得到与失去中，我们慢慢地认识自己。其实，生活并不需要这些无谓的执着，没有什么真的不能割舍。学会放弃，生活会更容易。

我们从来都以为要追求、永远追求，要一直向前，哪怕跌得头破血流。爬山时我们要达到山顶，在半山腰上停下的人会被看不起；跑步时我们要撞到红线，仿佛那才是唯一的目的。我们从来不知道，原来，放弃也可以是一种快乐，一种睿智。学会放弃不等于消极，一些无关紧要的小事，甚至一些得失，我们都要有所选择、有所放弃。只有学会放弃，我们才能满足于我们所得到的，才能够保持健康的心情。

1996年春，12名攀登珠穆朗玛峰的登山者死于暴风雪，然而当时另外一个叫克洛普的登山者却保住了性命。因为他在距峰顶仅300英尺时转身下山了。

对于克洛普来说，登顶对他意义重大。如果他在不携带氧气的情况下能够

成功登顶,将刷新珠峰攀登的世界纪录。但是如果那样做,花费45分钟的时间到达峰顶,就会超过安全的时限,无法在夜幕降临前下山。那次遇难的12名登山者中,大多数人都登上了峰顶,但遗憾的是他们都错过了安全返回的时间。克洛普经过几周休养调息后,终于登上了珠峰,最重要的是,他毫发无损地返回了家乡。

我们总是想,再坚持一下吧。有些时候,坚持到底就是成功;但有些时候,我们也会因为固执地坚持而丧失更多,甚至是生命。人生的成功绝不意味着不惜一切代价,适可而止也不等于认输。每一个人,都有自己力所不能及的事情,如果一定要做力所不能及的事,失去的将更多。如果连生命都失去了,那么一切都没有意义了。所以,学会放弃,是人生的一种境界,是对人生负责的一种态度。

人生没有果敢的放弃,就没有辉煌的选择。放弃失落带来的痛楚,放弃屈辱留下的仇怨,放弃无休无止的争吵,放弃没完没了的辩解;放弃对情感的奢望,放弃对金钱的渴求,放弃对权势的觊觎,放弃对虚荣的纠缠。只有当机立断地放弃那些次要的、枝节的、不切实际的东西,你的世界才能风和日丽、晴空万里,你才会豁然开朗地领悟“小舍小得,大舍大得,不舍不得”的真谛。

学会放弃,在落泪以前转身离去,留下简单的背影;学会放弃,将昨天埋在心底,留下最美好的回忆;学会放弃,让彼此都能有个更轻松的开始,遍体鳞伤的爱并不一定就刻骨铭心。经历了许多的人、许多的事,历尽沧桑之后,你就会明白:这个世界上,没有什么是不可以改变的。美好、快乐的事情会改变,痛苦、烦恼的事情也会改变,曾经以为不可改变的,许多年后,你就会发现,其实很多事情都改变了。而改变最多的,竟是自己。不变的,只是小孩子美好天真的愿望罢了!所以,当一份感情不再属于你的时候,就果断地放弃它,然后乐观等待你的下一次!

## 放弃是一种高明的策略

人类是因为一种不愿舍弃的心理，才令生命背负更沉重的负荷。当有了舍弃和清扫自己的智慧时，就会豁然开朗，生命就会向你展现出另外一番截然不同的景致。

在日常生活中，有一些非常精明的人。他们处处都比别人显得更加神机妙算，更加讨巧投机。他们总在算计着别人，以为别人都不如他们聪明，他们日子过得很累，很紧张。我们碰到的许多生活中的过于精明者，性情都不开朗，神经都相当过敏，这恐怕和他们总处于种紧张感中有直接的关系。

人之一生，苦也罢，乐也罢；得也罢，失也罢——要紧的是心间的一泓清潭里不能没有月辉。大家有缘相识相交，本来就是一种很难得的缘分，只要大家合得来，并且一起相处很开心，那么就不必太计较自己是不是付出太多而得到太少，宁可别人欠我的，也别让自己亏欠别人。况且有很多表面上看起来得到的，说不定也正是失去另外一些东西的前因。

其实，真正聪明的人知道，做人不必太精明。这是指一般的生活以及平常的人际关系。生活毕竟不全如商场那样明争暗斗，杀机四伏，总需要些温情和睦、非功利的关系，因此也就没有必要过于斤斤计较、精打细算，反倒是随遇而安更好。

美国第九位总统威廉·亨利·哈里森小时候曾有一段时间被人认为很傻。为什么呢？邻居们做过这样的试验：拿出一个五分的硬币和一个十分的硬币，让小哈里森从里头挑选一个，小哈里森每次都只拿那个五分的。这个试验屡试不爽，大家均以此为乐。

一个外地人路过此地，听说这件事后，感到很奇怪，于是亲自试验了一回，果然和大家说的一样。外地人仔细观察小哈里森的言行后，拍拍他的肩膀笑着说："小朋友，你一点也不傻，你很聪明。"小哈里森也笑了。外地人没再说什么就走了，邻居们都感到有些纳闷。

后来，终于有人想明白了为什么：如果小哈里森拿了十分的硬币，下次就不会有人去做这样的试验了，他每次五分的收入就将终止。小哈里森原来是弃眼前的小利保留长远的利益，小小年纪，就有这样的长远眼光，可真了不起！邻居们都赞叹不已。

我们可以不太精明，但应有智慧。在生活中，许多人并非真的糊里糊涂过日子，而是不想为过于精明所累。一个聪明人不会患得患失，也不会囿于世俗中的鸡毛蒜皮之事而无法自拔，这样的人心胸开阔，为人豁达，日子过得有意思、有价值。

人类不就是因为一种不愿舍弃的心理，才令生命背负更沉重的负荷吗？人总是边走边喊："累啊，累啊！"可就是舍不得放下压得自己喘不过气来的肩头的重担，以为这样走到尽头才会是收获。殊不知，途中有很多人承载不了负荷而被压倒，再也起不来了。

人生莫不如此，左右为难的情形时常会出现。比如，面对两份同具诱惑力的工作，两个同具诱惑力的追求者。为了得到"一半"，你必须放弃另外"一半"。若过多地权衡，患得患失，到头来将两手空空，一无所得。

一次，一个美国画商看中了印度人带来的三幅画，画商愿意以每幅 200 美元的价格买下来，印度人要价 250 美元，画商嫌贵不同意，因为当时一般画的价格都在 100 美元到 150 美元之间，画商怎么可能愿意出那么多钱呢！印度人二话没说，点火把其中一幅画烧了。

画商见到这么好的画烧了，甚感可惜，表示愿以250美元的价格买下剩下的两幅画。印度人这时要价400美元，当他见画商有些犹豫之时，又烧掉了其中的一幅。画商不敢再犹豫，他乞求道："可千万别再烧这最后一幅！"他表示愿意以高价买下最后这幅画，最后以950美元的价格成交。

事后，有人问印度人为什么要烧掉两幅画，印度人说："物以稀为贵，再者，美国人喜欢收藏古董，珍藏字画，只要他爱上这幅画，是不肯轻易放弃的，宁肯出高价也要收买珍藏，所以我要烧掉两幅，留下一幅卖高价。"

在双方僵持的时候，智者会先退几步，以求打破僵局，为自己积蓄力量赢得时机。面对挫折、打击、磨难，应该沉着应对，不能被这些困难所压倒。暂时的失败也许正孕育着成功的种子，只要精神不垮、志气长存，也许不久的将来就会与成功相遇。人生总是在不断地失去和拥有。拥有快乐，失去烦恼；捡到幸福，丢掉悲伤。不管将来你要放弃什么，最重要的是能够开心地面对。

勇于放弃者精明，善于放弃者高明。学会放弃吧，放弃失落带来的痛楚，放弃屈辱留下的仇恨，放弃心中所有难言的负荷，放弃对权力的角逐，放弃对金钱的贪欲，放弃对虚名的争夺——放弃烦恼，摆脱纠缠，使整个身心沉浸到轻松、宁静中去。人因为不懂得舍弃才会有许多痛苦。当有了舍弃和清扫自己的智慧时，就会豁然开朗，生命会马上向你展现出另外一番截然不同的景致。

## 适时舍弃,得到更多

放弃是人生的必修课。没有果敢的放弃,就没有辉煌的选择。与其苦苦挣扎,不如勇敢地选择放弃。在适当的时候,舍弃一些东西,换来的将是更加圆满的结果。

一个人身上背负着许多东西,单腿立地。这人说:“我实在坚持不住了,怎么办呢?”方法很简单,把腿放下来不就行了吗?生活中的人们总是单腿立地的,因为这是一种奔跑的姿势。人活着,会有许多责任和许多欲望,这些东西要是拿掉了,人生就会变得轻飘飘、无意义,可老背着它们,最终有可能累死在路上。生活原本是非常淳朴、简单的,学会舍弃自己不特别需要、对人生益处不大的东西,学会放下你的另一条腿,保持一颗简单和明朗的心,你会觉得其实在奔跑中也可以很沉稳。

放弃是人生的必修课。没有果敢的放弃,就没有辉煌的选择。与其苦苦挣扎,拼得头破血流,不如潇洒地挥手,勇敢地选择放弃。歌德说:“生命的全部奥秘就在于为了生存而放弃生存。”有人说,成功者善于放弃,但放弃并不是抛弃。放弃是为了更好地得到。在适当的时候,舍弃一些东西,换来的将是更加圆满的结果。

燕国国君燕昭王一心想招揽人才,但始终寻觅不到治国安邦的英才,因此整天闷闷不乐。后来有个智者郭隗给燕昭王讲述了一个故事,大意是:有一国君愿意出千两黄金去购买千里马,好不容易才发现了一匹千里马,然而当国君派手下带着大量黄金去购买的时候,马已经死了。可被派出去买马的人竟用五百两黄金买来一匹死了的千里马。国君生气地说:“我要的是活马,你怎么花这么多钱弄一匹死马来呢?”国君的手下说:“你舍得花五百两黄金买死马,更何况活马呢?这一举动必然会引来天下人为我们提供活马。”果然,没过几天,就有人送来了三匹千里马。

郭隗又说:“你要招揽人才,首先要从招纳我郭隗开始,像我郭隗这种才疏学浅的人都能被国君采用,那些比我本事更强的人闻风必然会,千里迢迢赶来。”燕昭王采纳了郭隗的建议,拜郭隗为师,为他建造了宫殿,后来没多久就引发了“士争凑燕”的局面。投奔而来的有魏国的军事家乐毅,有齐国的阴阳家邹衍,还有赵国的游说家剧辛等。落后的燕国一下子便人才济济了。从此以后,一个内乱外祸、满目疮痍的弱国逐渐成为一个富裕兴旺的强国。

放弃是一种智慧。“明者远见于未萌,智者避危于未形。”只有学会放弃,才能使自己更宽容、更睿智。放弃不是噩梦方醒,不是六月飞雪,也不是优柔寡断,更不是偃旗息鼓,而是一种拾阶而上的从容、闲庭信步的淡然。

放弃是一种灵性的觉醒,是一种慧根的显现,一如放鸟返林、放鱼入水。人生是艰难的航行,绝不会一帆风顺。当必须放弃时,就果断地放弃吧。放弃时髦,是为了追求更前卫的特立独行;放弃热闹,是为了追求更丰富的心灵盛宴。

人的一生很短暂,有限的精力不可能方方面面都顾及,而世界上又有那么多耀眼的精彩,这时候,放弃就成了一种大智慧。放弃其实是为了得到,只要能得到你想得到的,放弃一些对你而言并不必需“精彩”,又有什么不可以呢?

“中国门王”韩兆善一手打造了“盼盼”这一知名商标。但刚开始,韩兆善经营的是宫灯牌铁皮卷柜,而且卖得很火,到1990年已实现产值2800万元,利税240万元,成为东北同行业的第一大户。正在这个时候,韩兆善却决定放弃生产铁皮卷柜而生产防盗门。这一结果招来许多非议。有人说,卷柜卖得好好的,搞什么防盗门?有人断言,防盗门生产是一个走下坡路的行业,没什么前

途,要想把这个行业做大很难。还有人认为,防盗门生产没什么科技含量,也形成不了产业。韩兆善反问:“一个档案柜能一劳永逸吗?不说外省,就说省内,光沈阳就有十几家生产档案柜的,咱们市场还能拓展多少?不知什么时候就没饭吃或被挤掉了。档案柜只适合企业、机关,市场有限,而防盗门适用千家万户,这是一个无限广阔的市场。”

韩兆善经过两年的市场调研和技术攻关,不久就生产出八点锁紧的防撬门,产品一上市,即获得了满堂彩。由于产品的转型成功,“盼盼”的产品不但在国内市场占了先机,而且把市场转向了海外。今天回头来看,假如韩兆善没有当初对生产铁皮卷柜的放弃,那么,很难想象,今天的防盗门市场上,还会有韩兆善、有“盼盼”吗?

“善于放弃”是一种境界,是饱经人间沧桑之后对人生的一种感悟,是运筹帷幄、成竹在胸、充满自信的一种流露。只有在了如指掌之后才会懂得放弃并善于放弃,只有在懂得并善于放弃之后才会敛集无尽的财富。世间的万物都是在不断的放弃中发展、变化的。树木为了长高,必须放弃多余的枝叶;花朵为了结出果实,必须放弃迷人的美丽;蝌蚪为了变成青蛙,必须放弃与生俱来的尾巴;而太阳为了明天的灿烂,也必须放弃绚丽的晚霞。

## 越是简单，生命越有动力

要想有所作为，就不能背负太多无用的东西，要学会清理和放弃。健康的人生一定是一个去繁就简的人生。简单是生命不断走向高处的动力。

在人的一生中，会有许多的追求，许多的憧憬。追求理想的生活，追求金钱，追求名誉和地位，追求刻骨铭心的爱情。有追求就会收获，我们会在不知不觉中拥有很多，有些是我们必需的，还有些却是完全用不着的。那些用不着的东西，除了满足我们的虚荣心外，最大的可能，就是成为我们的一种负担。

眼前的这个世界越来越光怪陆离、色彩斑斓，她灿烂的笑容几乎迷倒了身边所有的人。每个人都在忙忙碌碌、马不停蹄地追赶，追赶心中的梦想，就像一位旅人，补充了袋子里所缺的东西之后，又开始了新的旅程。然而，生命的美不在它的绚烂，而在它的平和；生命的动人不在它的激情，而在它的平静。生命就如同一次旅行，背负的东西越少，越能发挥自己的潜能。你可以列出请单，决定背包里装些什么才能帮助你到达目的地。但是，记住，在每一次停泊时都要清理自己的背包，知道什么该丢、什么该留，把更多的位置空出来，让自己轻松起来。

洛威尔是美国著名的心理学家。有一年他和一群好友到东非赛伦盖蒂平原去探险。在旅途中，洛威尔随身带了一个厚重的背包，里面塞满了食具、工具、挖掘工具、衣服、指南针、观星仪、护理药品等。洛威尔对自己携带的物品非常满意。

一天，当地的一位土著向导检视完洛威尔的背包之后，突然问了一句：“这

些东西让你感到快乐吗?”洛威尔愣住了,这是他从未想过的问题。洛威尔开始问自己,结果发现,有些东西的确让他很快乐,但是,有些东西实在不值得他背着它们走那么远的路。

洛威尔决定取出一些不必要的东西送给当地村民。接下来,因为背包变轻了,他感到自己不再有束缚,旅行得十分愉快。

智者的简单,并非因为贫乏或缺少内容,而是繁华过后的一种觉醒,是一种去繁就简的境界。一个人的年龄在增大,生命的余数却在减小;走向了成熟稳重,却失去了无忧无虑的童真;享受了太阳的淋浴,却失去了月亮的洗礼;拥有了蓝天的亲吻,却失去了大地的亲热……我们在拥有与失去的同时,唯有舍弃与追求并存,才可调整好心态,不断找到属于自己的快乐。

古人有句话叫“大道至简”,用今天的话来说,就是“越是真理的就越是简单的”。的确,古往今来,那些真正健康长寿的人,那些具有爱心、在事业上有所建树、给人类社会留下精神财富的人,无不生活俭朴,思想单纯专一。也许在世人眼里,他们看起来并不怎么聪明,甚至会有些“傻”,但实际上他们是大智若愚,自觉淘汰了对他们来说多余的东西罢了。

爱琳·詹姆斯是美国倡导简单生活的专家。作为一个投资人、一个作家和一个地产投资顾问,在这个领域努力奋斗了十几年后,有一天,她突然认识到自己的生活已经变得太复杂了,用这么多乱七八糟的东西来塞满自己清醒的每一分钟简直就是一种疯狂愚蠢的尝试。就在这一刻,她作出了决定:她要开始简单的生活。

她列出一个清单,把需要从她的生活中删除的事情都列出来。然后,她采取了一系列“大胆”的行动。首先,她取消了所有预约电话。其次,她停止了预定的杂志,并把堆积在桌子上的所有没有读过的杂志都清除掉。她注销了一些信用卡,以减少每个月收到的账单函件。通过改变日常生活和工作习惯,她的房间和草坪变得更加整洁。她的整个简化清单包括八十多项内容。

爱琳·詹姆斯说:“我们的生活已经变得太复杂了。习惯驱使我们去做所有这些日常琐事。我们总是担心,如果我们不去做,就会失去什么东西。我最后总算明白过来,是的,也许我的确会失去什么东西,但是这没什么不好,我还好好地活着。我不仅活着,而且活得更潇洒了,因为我再也用不着总是试图去做所有的事情。”

一个心中有坚定信念、有明确目标的人,能够做到心无旁骛,并善于将可能引起忧思苦恼及妨碍行进的事物丢弃掉,不让它干扰自己的身心和脚步。著名的美籍华裔数学家陈省身先生有一个很有趣的“数学人生法则”:数学的一个重要作用就是九九归一,化繁为简。在人生的过程中,越是单纯专一的人,往往越容易在某一方面取得成功;而那些想法很多、在许多方面都一试身手的人,则往往终其一生而无所作为。一个人一生的时间是很有限的,即便你健康地活到80岁,才有29200天。这里面还要除去2/3用于睡眠和其他琐事的时间,还要除去童年、少年和老年的时光,其实你可以用来做事情的时间只有短短的几千天。在有限的人生中,你不可能做得太多,所以只能有选择、有方向地去努力。

人的身心何尝不是这样,要想有所作为,在生活中健康有力地向前走,就不能背负太多无用的东西,要学会清理和放弃。简单的过程是一个觉醒的过程。大道至简,健康的人生是一个去繁就简的人生。简单使人宁静,宁静使人快乐,而快乐才是生命不断走向高处的动力。

## 放弃是更深层面的进取

适时的舍弃能让人腾出时间和精力去做更有价值的事情。人有限的精力不可能方方面面顾及,放弃是一种必要的智能,是更深层面的进取。

我们都有过很多梦想,但不是每个梦想都能够实现,当满怀的希望落空时,生活也似乎变得灰暗了。过分的执着,执着于一个不可能实现的梦想,对于人生来说是一种沉重的负担,一种负面的影响,甚至是一种伤害。要懂得放弃,放弃过高的奢望,放弃不可能实现的梦想。脚踏实地,才能活得真实从容,走出真正属于自己的路来;放弃不可能的结果,才能重新开始。

“锲而不舍,金石可镂。”这是古人留下的一句著名的治学格言,也是为世人推崇的成才之道。其实,苦学不辍、持之以恒,只是一个人成才的条件之一。至于其他条件,譬如机遇、天赋、爱好、悟性、体质诸项也是缺一不可的。如果你研究某一学问、学习某一技术或从事某一事业确实条件太差,而经过相当的努力仍不见效,那就不妨学会“放弃”,另辟蹊径。

华裔科学家、诺贝尔奖获得者杨振宁的成功,是因为他勇于放弃。杨振宁于 1943 年赴美留学,受“物理学的本质是一门实验科学,没有科学实验,就没有科学理论”观念的影响,他立志撰写一篇实验物理论文。于是,由费米教授安排,他跟着有“美国氢弹之父”之誉的泰勒博士作理论研究,并成为艾里逊教授的 6 名研究生之一。在实验室工作的近二十个月中,杨振宁成为艾里逊实验室流行的一则笑话的主人公:“凡是有爆炸的地方,就一定有杨振宁!”杨振宁不得不正视自己:动手能力比别人差!

在泰勒博士的关怀下,经过激烈的思想交锋,杨振宁放弃了写实验论文的打算,毅然把主攻方向调整到理论物理研究上,从而踏上了成为物理界一代杰出理论大师之路。假如他一条道走到黑,恐怕“杨振宁”至今还是一个默默无名的符号。

该执着时执着,该放弃时放弃,衡量清楚,知己知彼,才不会太委屈自己。苦苦追求于一份不属于自己的事业,不但会迷失自己,也会徒然地耗费青春和精力,作出不必要的牺牲。放弃一份事业,有时的确比开始要难。很多事的结局一开始就已经是注定的,作再多的努力也只是徒费心机。既然如此,我们何不放弃呢?放弃,又何尝不是一种解脱呢?放弃了一个人的爱,可同时也获得了重新去爱人和被人爱的权利,得何以喜,失又何以悲?我坚信:一朵浪花消去时,必将引起另一朵更加美丽的浪花。

1998 年的诺贝尔奖得主崔琦,在有些人眼里简直是“怪人”:远离政治,从不抛头露面,整日浸泡在书本中和实验室内,甚至在诺贝尔奖桂冠加顶的当天,他还如常地到实验室工作。更令人难以置信的是,在美国高科技研究的前沿领域,崔琦居然是一个地地道道的“电脑盲”。他研究中的仪器设计、图表制作,全靠他一笔一画完成。即便要发电子邮件,也都请秘书代劳。他的理论是:这世界变化太快了,我没有时间赶上。崔琦放弃了世人眼里炫目的东西,为自己赢得了大量宝贵的时间,也为自己赢得了至高无上的荣誉。

放弃,对每一个人来说,都有一个痛苦的过程,因为放弃意味着永远不再拥有,但是,不会放弃,想拥有一切,最终你将一无所有,这是生命的无奈之处。学会放弃,本身就是一种淘汰、一种选择,淘汰掉自己的弱项,选择自己的强项。放弃不是不思进取,恰到好处地放弃,正是为了更好地进取。

## 明智的放弃,远胜于偏执向前

选准目标,就要锲而不舍,但若目标不适,或主客观条件不允许,与其徒劳无功,还不如学会放弃,如此,才有可能柳暗花明,再展宏图。

人生不能没有追求,执着是一种美丽。“宝剑锋从磨砺出,梅花香自寒苦来。”历尽千辛万苦获得的成功值得珍惜,苦尽甘来的喜悦值得细细品味,但是人生也不能没有退步。勇往直前、百折不挠固然可喜,但有限的生命难以承受太多的重量,人生不可能永远负重前行。

我们经常说做事情要从一而始,坚忍不拔,但若你遇上不可以改变的事情,继续坚持,只会自己更加狼狈不堪,甚至可能头破血流、无功而返。所以,适当退让、学会放弃更是一种智慧。其实,合理的退让是一种洒脱,是一门学问;适当的放弃是一种豁达,是一种人生的领悟。

有一位老和尚,他身边聚拢着一帮虔诚的弟子。这一天,他嘱咐弟子每人去南山打一担柴回来。弟子们匆匆行至离山不远的河边,人人目瞪口呆。只见洪水从山上奔泻而下,无论如何也休想渡河打柴了。一个个无功而返后,弟子们都有些垂头丧气。唯独一个小和尚与师傅坦然相对。师傅问其故,小和尚从怀中掏出一个苹果,递给师傅说:“过不了河,打不了柴,见河边有棵苹果树,我就顺手把树上唯一的一个苹果摘来了。”后来,这位小和尚成了师傅的衣钵传人。

世上有走不完的路,也有过不了的河。过不了河就掉头而回,是一种智慧。但真正的智者还会在河边做一件事情:放飞思想的风筝,摘下一个“苹果”。人生如果总是无休止地追求，而不知道放弃，那么不但会无端地浪费时间和精力，而且会因达不到预想目标而痛苦不堪。正确的态度是：既要有所追求，又要有所放弃。

也许现代人大都信奉的是“爱拼才会赢”，其实你所苦苦追求的，并不一定是最适合你的，在你苦苦追求的同时，也许美丽的风景正与你擦肩而过。你永远要求最好，却与自己想要的失之交臂。于是，你所追求的，成为一个遥不可及的梦幻。但这并不是让大家放弃执着，选择逃避。放弃，只有在某种特定的环境中才会折射出美的光华，一味地放弃是懦弱、是退缩、是逃避，而适时放弃则是人生的一种明智、一种从容。

中央电视台有一个栏目是王小丫主持的《开心辞典》。主持人王小丫总是面带微笑问参与者：“继续吗？”如果继续就有两种结果，一个是成功，接着往前进，一个是失败，退回到你原来的起点。不进则退，不可能让你继续保持住已经取得的成绩。答对 12 道题的人并不多。但是，很多选手都是一直往前，有好多人已经答对了第 8 道题，但因为一次失误，又回到了从前的点数。

那天，一个答题的人一直很幸运，一路到了第 9 道题，当他把自己所有设定的家庭梦想都实现后，王小丫问：“继续吗？”“不。”他说，“我放弃。”看到这里，很多观众都是一愣，主持人王小丫也一愣。因为很少有人放弃，那是在全国电视观众面前，失败或成功都可以理解，本来就是一场智力加机遇的游戏。但他放弃了。

王小丫继续问他：“真的放弃吗？”而且一连问了三次。他连犹豫都没有，然后点头，真的放弃。“不后悔？”王小丫问。他笑着说：“不后悔，因为应该得到的已经得到了。”

最终，他只答了 9 道题，没有接着冲向完美的 12 道，但是他说，已经很满足了，因为人生有许多东西必须放弃才会得到。

另一个男主持人问他:“如果将来你的孩子长大后问你,爸爸,那天在《开心辞典》你为什么放弃了,你会怎么说?”他说:“我会告诉他,人生并不一定非要走到最高点。”主持人说:“那你的孩子如果问,那我以后考 80 分就满足了,你怎么说?”

他笑着说:“如果他觉得高兴,如果他付出自己应该付出的努力,那么我认同。” 全场响起了热烈的掌声。

让我们也学会放弃吧,放弃那些名利的争执,人生道路上的一些坎坷,生活中的一些不愉快,我们都要学会放弃,只有学会放弃,我们才能怀着轻松的心情,走完自己的人生。诚然,要成就一项事业,离不开专一执着、持之以恒的韧性,但只知固守,有时也会演变成为执拗,变成“一条道儿走到黑”式的顽固。适时地放弃,不是毫无主见、随波逐流、懒惰畏惧的代名词,而是寻求主动、积极进取的正确态度。“条条大道通罗马”,迈向成功的路并非只有一条。从黄山南麓攀登,同样可以驻足于迎客松之下。明明发现走进了死胡同,面对绝境,难道就不能勇敢地放弃,重新选择? 这时,变一变,眼前就会出现“海阔天空”的境界!

人生苦短,韶华难留。选准目标,就要锲而不舍。但若目标不适,或主客观条件不允许,与其蹉跎岁月,徒劳无功,还不如学会放弃,“见异思迁”。如此,才有可能柳暗花明,再展宏图。班超投笔从戎,鲁迅弃医学文,都是“改换门庭”后大放异彩的楷模。可见,如果能审时度势、扬长避短、把握时机,放弃既是一种理性的表现,也不失为一种豁达之举!

## 急于出头，反而更易跌入谷底

成功没有捷径，日积月累才能厚积薄发。急于求成是每一个人成功路上的绊脚石。只有站稳了脚跟，才能结出丰硕的成果，经受住暴风雨的洗礼。

成功没有捷径，日积月累才能厚积薄发，只有拥有稳扎稳打的实力后，你才能够走向成功，急于求成是每一个人成功路上的绊脚石。人只有先糊口，先填饱自己的肚子，才可能有力量去追求发展。为五斗米折腰也好，吃眼前亏也好，归结起来就是：一个成功的人必须学会忍耐。一时的容忍并不是对命运的屈服，也不是卑躬屈膝，而是对未来的铺垫和积累。

和为贵，忍为高。一个人的成就，也往往与他的忍耐、忍受、忍让密切关联，那些没有耐心、遇一点儿苦难就打退堂鼓的人，十有八九成不了大事。很多情况下，忍耐是成大事不可或缺的修养。

有两棵大小相同的树苗，同时被主人种下，也被一视同仁地细心照料着。第一棵树拼命地吸收养分，一点一滴储备下来，仔细地滋润身上的每一根枝干，默默地盘算如何让自己扎扎实实、健康茁壮地成长。另一棵树也非常努力地吸收营养，不过它追求的目标与第一棵不同，它将养分全部聚集起来，并使劲地将这些养分推至树端，一心想着如何让开花结果的时间提早来到。第二年，第一棵树开始吐出嫩芽，也十分积极地让自己的主干长得又高又壮；另一棵树也长出了嫩叶，同时它迫不及待地挤出了花蕾，似乎随时都可以开花结果。

这个景象让主人非常吃惊，因为第二棵树的成长状况非常惊人。只是，当果实结成时，由于这棵树尚未长成，却提早承担了开花结果的责任，因此把自己

折腾得累弯了腰,至于所结的果实,更是因为无法充分吸收养分,比起一般正常的果实来显得很酸涩。时日一久,在身心受创的情况下,这棵树逐渐失去了生长的活力。

第一棵树的情况却完全相反,原本不被看好的它,反而越来越茁壮,在经年累月的耐心等待之后,终于绽放花蕾。由于养分充足、根基稳固,结成的果子也比其他的树更大、更甜。而那急于开花结果的第二棵树,却日渐枯萎。

经不住忍耐的考验,我们的人生将会是一片苍白。所以,不论是钻研知识、学习技能还是追求成功,我们都得像第一棵树那样,逐步累积自己吸收的养分,进而培养出扎实的能力,让迈出的每一步留下的都是绝对坚实的足印。然而,很多人就像第二棵树一般,只学会了皮毛,便急着出头与表现。当他的皮毛用尽时,不仅难以占有立足之地,还会跌到更深的谷底,甚至连重新开始的机会都没有了。

所以,为了获得更多,必须学会忍耐。精通舍得大智慧的高手不管对方实力如何,总忘不了保留实力的策略。古今中外的战争史,我们如果仔细研究,将会发现,善战者不管己方实力如何,敌方虚实如何,交战之前,多半会为战败之后的撤退预想退路。这并非对胜利没有信心或长敌人志气,而是保留实力应有的谋略。胜败乃是兵家常事,唯有知进退,方为大智。

有一年,香港特区政府财政拮据,又不好借钱,便想出了一条办法:拍卖中环海边康乐大厦所在的那块土地。这块地皮面积大,属于黄金地带,是一定有大钱可赚的地方。消息传出后,有钱的人纷纷披挂上阵,就连远在港外的富翁们也都赶来参加投标。一时间,香港码头机场人满为患,饭店老板们个个喜上眉梢。

不过真正想做这块地皮生意的,在香港只有李嘉诚的长江实业有限公司和英国的置地公司。香港特区政府为了肥水不外流,有意让这两家中的一个获胜,采取了暗中投标的方式,让大家均不知道别人所投价格为多少——像小姐抛绣球一样,人人都觉得绣球往自己这儿来,可是人人又觉得全不是这么回事。

李嘉诚心里有谱:地皮虽好,也得有个顶儿,否则买回来也是蚀本;而置地公司必然拼命争取,以挽回前几次败北留下的老面子。李嘉诚报上了自己的出价:28 亿港元。那置地公司活脱脱的英国大鼻子脾气,底气不足却要打肿脸充胖子,又料到李嘉诚必欲拼死抬价,于是豁出了老命,报出 42 亿港元的价格。结果当然是置地公司获胜。正当他们公司上下举杯庆贺时,打听消息的人员回来报告说,李嘉诚的报价比他们少 14 亿,顿时,他们一个个脸色变得像猪肝一样,总裁的酒杯也惊得掉在地上,连连说:英国大鼻子上了中国牛鼻子的大当。

李嘉诚精打细算,忍住了黄金地段的巨大诱惑,果断地全身而退,把“烫手的山芋”甩给了置地公司。明地里好像是输了,而实际上是忍术奇高的辉煌战果。如果忍不住,把自家资金全力押上,就有可得到个“失败”的下场。这里主要强调了一种更高一级的胜利策略,因为我们不可能事事争强,处处占上风,所以我们可以主动地吃上几个轻拳,而把出重拳的主动权抓在自己手里。

我们反正是要失去一些的,那么,把这种必然性的东西驾驭在自己的主动权之下,岂不是更好吗?不懂得这样做的人,表面上看,可能争到了他碰到的各种机会,但实际上,由于他完全陷于已有的机会中,因此他不得不失去后来各种机会的选择。要记住:只有站稳了脚跟,才能根深蒂固,才能结出丰硕的成果,经受住暴风雨的洗礼。

## 为爱放手,别让它成为牵绊

人生难免空白和遗憾,够成熟的人才懂得该放弃时放弃。生活不是单纯的取与舍,不要斤斤计较失去的,有时得到的比失去的更可贵。

生命中最难舍的是情感,情感中最痛的是自残!人是情感动物。情感就像是那盏照亮黑夜的明灯;就像是燃烧生命的火种。自从有生命的那一天开始,我们便依赖于母亲的给养。从母亲的血液和乳汁中,我们认识了“爱”;在所有成长的岁月里,我们赖以健康成长的是无处无时不在的爱与被爱。拥有正常生命欲望的人,对生命的热爱与被热爱像黎明的曙光一样,唤醒生命的每一天。

然而,并非生命的每一个黎明都有曙光,照亮黑夜的明灯不一定夜夜闪亮。在需要割舍的日子里便需要忍痛。情感中最难以隐忍的伤痛莫过于情人间爱的自残。满头乱发,痛不欲生地摇晃着身体,像一只囚笼里的狮子疯狂地哭叫:“我失去他了!这次是真的失去他了!”多情的侠客一夜青丝变白发……虽然这些出自文人的笔墨渲染,而在赚得我辈俗人一掬伤心泪的同时,却无不印证了爱情中的至极伤痛。

我们都听过《海的女儿》这个美丽的童话:在幽深的海底,一条美丽的美人鱼爱上了人类的王子,于是放弃了自己动听的嗓音,忍受着刀尖上行走的痛苦。可王子并不知道,他爱上了另外一位美丽的公主——他以为她才是自己的救命恩人。美人鱼心碎了,当她托着新娘礼服的后摆走向铺着鲜红的地毯的时候,她心灵的痛苦远远超过了脚尖被刺破的感觉。她还清楚地记得女巫的话:“你如果无法得到人类的真爱,就会变成海上的泡沫,永远地消失。”当她对着海水

默默落泪时，姐妹们浮上了海面，送给她一把尖锐的匕首——只要她刺破王子的心脏，让鲜血滴在自己的脚上，双腿就会合为鱼尾，她就能重新投入海的怀抱。

这是痛苦的抉择，一边是自己，一边是所爱的人，该如何取舍？几分钟的沉默，仿佛有一个世纪那么长，最后她决定放弃，放弃自己的生命，祝福王子永远幸福快乐。她将匕首丢入大海，因为血的殷红不属于海的深蓝。

人生难免空白和遗憾，够成熟的人才懂得该放弃时放弃。生活不是单纯的取与舍，不要斤斤计较失去的，有时得到的比失去的更可贵。选择一棵树而放弃一片森林，这是另一种珍惜。只有作出正确的取舍，才能把握命运。

爱不能成为牵绊，要选择放手，从容地放开那些可能本就不属于你的东西，哪怕只能为他祝福，起码曾经真心地相爱过。我们走过童年的纯真、少年的快乐，人也渐渐长大。我们在多次失败打击中长大，在少次挫折坎坷中长大，也在自己多年的日记中长大……于是，有了一个个的蓦然回首，知道有些事不能过于强求，有时要懂得放弃。

旷世才女林徽因曾经与徐志摩有过一段恋情，但后来，在梁启超的大力促成下，林徽因嫁给了梁启超的儿子梁思成。梁思成与林徽因在建筑上的许多见解都影响深远。而著名的哲学家、逻辑学家及教育家金岳霖，为了林徽因终生未娶。

梁思成在林徽因死后续娶他的学生林洙，林洙在怀念金岳霖的文集里披露了一段故事：当时梁思成夫妇住在总布胡同，金岳霖就住在后院，但另有旁门出入，平时走动得很勤，就像一家人。1931 年梁思成从外地回来，林徽因很沮丧地告诉他："我苦恼极了，因为我同时爱上了两个人，不知道怎么办才好！"梁思成非常震惊，一种无法形容的痛苦涌上心头，他一夜无眠翻来覆去地想：徽因到底和谁在一起会比较幸福？虽然自己在文学、艺术上有一定修养，但金岳霖那哲学家的头脑,自己是及不上的。

第二天,梁思成告诉林徽因:"你是自由的,如果你选择了老金,我祝愿你们永远幸福。"说着说着,两个人都哭了。后来,林徽因将这些话转述给金岳霖,金岳霖回答:"看来思成是真正爱你的,我不能伤害一个真正爱你的人,我应该退出。"从此他们再不提起这件事,3 个人仍旧是好朋友,不但在学问上互相讨论,有时梁思成和林徽因吵架,也是金岳霖作仲裁,把他们糊涂不清楚的问题弄明白。

金岳霖再不动心,终生未娶,对待林徽因和梁思成的儿女如己出。

我们不禁对这两个男人博大的胸怀和洒脱的性情肃然起敬!他们是真正领悟了爱情的真谛:给爱人自由,尊重爱人的选择。我们即使做不到这两位先辈那样的洒脱,也要学会如何去爱我们所爱的人。我们要学会在适当时候放手,给对方追求幸福的机会,同时也成全我们自己的幸福和快乐。因为,放手的同时,意想不到的快乐也会悄然降临。

每一份感情都很美,每一程相伴也都令人迷醉。是不能拥有的遗憾让我们更感缱绻;是夜半无眠的思念让我们更觉留恋。感情是一份没有答案的问卷,苦苦的追寻并不能让生活更圆满。也许一点遗憾,一丝伤感,会让这份答卷更久远。

收拾起心情,继续走吧,错过花,你将收获雨;错过她,我才遇到了你。继续走吧,你终将收获自己的美丽。喜欢一个人,就要让他快乐,让他幸福,使那份感情更诚挚。当一切尘埃落定,当一切归于平静,我们才会真正懂得放弃其实也是一种美丽的收获。

# 学会舍得：取是一种本事，舍是一种智慧

[第六章]

舍是一门哲学，得是一种本事。没有能力的人得不来，没有通悟的人舍不得。懂得其中奥妙的人，会掌握取舍的主动权，让它发挥出意想不到的效果。摒弃那些多余的东西，不要让自己迷失方向。放弃是生活时时面对的清醒选择，学会放弃，才能卸下人生的种种包袱，轻装上阵，安然地等待生活的转机；懂得放弃，才能拥有一份成熟，才会活得更加充实、坦然和轻松。成就别人的同时，并非一定会损伤自己。成功的关键在于，知道什么时候给予，什么时候获得。

## 人生,就是取舍的艺术

舍是一门哲学,得是一种本事。没有能力的人得不来,没有通悟的人舍不得。懂得其中奥妙的人,会掌握取舍的主动权,让它发挥出意想不到的效果。

现代社会,经济快速发展,科技日新月异,物质日益丰富,人们所面对的选择与诱惑也越来越多。在这样的背景下,如何选择取舍实在是一个难题。然而,贪大求全俨然已经成了一些人的流行病:做学问的总想搞出大而全的“体系”,做生意的唯恐遗漏任何一个赚钱的机会。但是,又有多少人会想到,人的时间、精力以及胃口是有限的,一味地贪大求全、四处开花,什么好处都想占到,最后难免顾此失彼,甚至闹出各种毛病来。

人生在世,有许多东西是不愿舍弃的。“难舍”“割舍”“舍不得”等词汇,体现了人们面对舍弃时的痛苦和无奈。但是,经验告诉我们,一些东西如果不舍弃,势必成为一种负累。勇于舍弃是一种现实需要,善于舍弃是一种处世艺术。如何得所能得,舍所能舍,得所必得,舍所必舍,不但需要一种认识和一种清醒,更需要一股勇气和一定的魄力。

在巴勒斯坦,有两个海,但是它们很不一样。一个叫作加黎利海,是一个大湖泊,内有清澈的湖水可以供人畜饮用。不但鱼儿在里面嬉戏,人们也经常来光顾,游泳度假其乐融融。另一个就是著名的死海,它真的一如其名,因为它的一切东西都是死寂的,海水盐度之高,就是人躺在上面也不会下沉。这里的水是根本没法饮用的,如果你不小心喝了这里的水,一定会生病。水中见不到鱼儿的影子,就连海草也没有。两岸更是寸草不生,没有人愿意居住在这块不毛之地。

关于两个海的有趣之处，是两个海发源于同一条河流，而流入不同的海里。那么，是什么造成了同一源头的水域出现两番截然不同的景象呢？原来，一个接受，然后付出：另一个是只接受，但是永不付出。约旦河水流入加黎利海的顶端，然后从其底部流走。它拥有这水，却从不自己独占，而是继续将之交给别人继续使用。但是，约旦河水在注入死海之后，就永远被死海独吞了，永不外流了。死海自私地保留了甘甜的水，只为了它自己。这就是死海成为死海的原因所在。它只想得到，而不想付出。

可以说，舍得是一种人生的哲学，舍得舍得，先舍后得。舍在前，得在后，也就是说"舍"与"得"虽是反意却是一物的两面。舍与得是对等的，你先舍，然后才能得。一个人只有施予才能获得，不管是哪一种方式的施予。这就是"舍得"的真意。能"舍"方能"得"。舍得之间暗藏玄妙，意境很深，只能靠人们自己去琢磨，去感悟。

舍是一门哲学，得是一种本事。没有能力的人得不来，没有通悟的人舍不得。如何进行正确的取舍，说起来容易，有时真要做起来却是很难。史学家范晔说："天下皆知取之为取，而不知予之为取。"在社会上，有很多人不知道该如何取舍，把握不住得与失的转化。得与失互为转化的效果，有时也并不是马上就可以见到的，但懂得其中奥妙的人，会掌握取舍的主动权，让它发挥出意想不到的效果。

可能有很多人都做过这样一道智力题：有 17 个硬币，3 个人来分，只有满足以下条件才能实现分享：一个人分得硬币的 1/2，一个人分得硬币的 1/3，一个人分得硬币的 1/9，硬币不可以切分，不可以有人多分、少分或者放弃，请问应该怎么分？

如果只围绕 17 个硬币来考虑，17 的 1/2、1/3、1/9 的分法是不能实现的。

17 个硬币的 1/2 是 8.5 个硬币,1/3 是 5.7 个硬币,1/9 是 1.9 个硬币,这是不能满足要求的。

所以我们不妨试着换个角度来解决问题。2、3、9 的最小公倍数是 18,与 17 非常接近,那么让三人中某人奉献一个硬币来试验一下。这样共有 18 个硬币,一个人可以拿走 18 个硬币的 1/2,即 9 个硬币;一个人可以拿走硬币的 1/3,即 6 个硬币;剩下一个人可以拿走硬币的 1/9,即 2 个硬币。

奇迹出现了:不仅按规定的条件实现了分享,每个人拿走了规定的硬币,而且事先奉献出来的硬币也完璧归赵了! 问题解决了,而且实现了个人利益最大化,可谓皆大欢喜。

这种解决问题之前先给予、先奉献,后做事的方法,可以应用到日常生活中的求人办事中去。中国老百姓对于求人办事有一个最简单的看法,那就是"舍得"。所谓舍得就是先"舍"而后"得",它是求人办事时常用的变通之术。"舍得"这个看法与另一位罗马诗人的观点不谋而合。罗马诗人塞拉斯曾经说:"只有先对人付出,才能期盼对方有所回报。"

"爱出者爱返,福往者福来。"人世间的事情,有了付出才有回报,从某种意义上说,得失问题就是贡献与索取、获得与舍弃之间关系的平衡和把握。"将欲取之,必先予之",这是古今中外许多成功者共同的处世原则。成就别人的同时,并非一定会损伤自己。成功的关键在于,知道什么时候给予,什么时候获得。

## 放弃很容易，但学会如何放弃很难

患得患失、过分计较自己的利益将会成为获得成功的大碍。面临任何情况时都应尽量保持平常心。放弃得当，才能解脱各种羁绊，拥有海阔天空的人生境界。

人之一生，需要我们放弃的东西很多，如果不是我们应该拥有的，我们就要学会放弃。几十年的人生旅途，会有山山水水、风风雨雨，有所得也必然有所失。我们只有学会了放弃，才能活得更加充实和轻松。

现代社会中，竞争日趋激烈，每个人的生存压力也越来越重。于是每个人都身不由己地变得“贪心”，追求越多，其失望也越深。我们要活得开心，一定要该执着时执着，该放弃时放弃。我们放弃了苦恼，就会与快乐同行。生活中，有时不好的境遇会不期而至，搞得我们猝不及防，这时我们更要学会放弃。放弃焦躁性急的心理，安然地等待生活的转机。

在非洲，人们抓捕狒狒有一套十分奇特的招法。他们将狒狒爱吃的食物高高举起，故意让躲在远处的狒狒看见，然后把这些食物放进一个口小里大的洞中。等人们走远，狒狒就会活蹦乱跳地过来，把爪子伸进洞里，紧紧抓住食物，但由于洞口极小，它的爪子握成拳后就无法从洞口抽出来。这时，人们就可以不慌不忙地过来收获猎物，根本不用担心狒狒会跑掉，因为它们舍不得那些可口的食物，越是惊慌和急躁，就将食物攥得越紧，爪子就越是无法从洞中抽出来。于是，最终白白搭上了性命。

其实，那些狒狒只要稍一松开爪子，放弃食物，就可以溜之大吉，但它们偏

偏不！作为更具理性的人,我们绝不是无意识的狒狒。因此,必须学会放弃,善于放弃。在必要的时候,只有放弃,才会柳暗花明又一村。放弃是一种选择,是一种智慧,是一种自律,更是一种勇气。中国有句俗话说得很好:“退一步海阔天空。”倘若失业者肯放弃头脑中僵化的择业观念,何至于整天萎靡不振、怨天尤人？倘若失恋者肯放弃那个抛弃自己的所谓“恋人”,何至于把自己弄得丧魂落魄、心灰意冷？倘若赌徒肯放弃“可能会赢”的侥幸心理,何至于血本无归、倾家荡产？

看看那些对人类的艺术领域、音乐领域、科学领域作出过卓越贡献的人,毕加索、莫扎特、爱因斯坦……这些人都生活在极为简单的生活之中。他们全神贯注于自己的主要领域,挖掘内在的创造源泉,获得了丰富精彩的人生。以色列国会曾邀请世界著名科学家爱因斯坦回国当总统,爱因斯坦对此婉言谢绝。当年爱因斯坦是这样看的:自己的性格适合当科学家、搞研究,不适合当总统、搞政治。在很多人深为不解也深感惋惜的情况下,他之所以果断地作出选择,是因为他认识到了自身的真正能力和价值之所在,这不能不说是一种大智大勇之举。

患得患失、过分计较自己的利益将会成为我们获得成功的大碍。面临任何情况时都应尽量保持平常心。要适应一种生活,就必然得放弃某些观念和欲望。放弃得当,我们才能解脱各种羁绊,打破各种禁锢,甩掉“包袱”,轻装前行,更快、更好地进入适应的角色。

塞林格是美国当代最负盛名的小说家,他的《麦田里的守望者》被认为是美国文学的“现代经典”,总销售量已超过千万册。换上其他一些人,或许会穿华衣、吃美食、坐豪车、娶娇妻,极尽张扬。然而,塞林格走的是一条完全相反的道路。他退隐到新罕布什尔州乡间,在河边小山附近买了九十多英亩土地,在山顶筑一座小屋,周围种上许多树木,外面拦上六英尺半高的铁丝网,网上还装有警报器。他每天八点半带着饭盒入内写作，下午五点半才出来，家里任何人不准打扰他，如有要事，只能电话联系。

他平时深居简出，偶尔去小镇购买书刊，有人认出他，他马上拔腿就跑。他不喜欢过多的社交，有人登门造访，得先递上信件或便条；如果来访者是生客，就拒之门外。他更不喜欢自造舆论，成名后，只回答过一个记者的问题，那是一个16岁的女中学生为给校刊写稿特地去找他的。

塞林格是值得我们尊敬的，因为他在享受唾手可得时，却不向它投降，自觉地坚守自己的生命目标。正是这种视创作为生命、鄙视享乐的性格使塞林格的作品保持了持久的艺术魅力，他的作品哪怕是一个短篇，一经发表，也会马上引起轰动。

摒弃那些多余的东西，不要让自己迷失方向，贪婪地占有只会占用大量的时间和精力，而这些时间和精力本来可以用于我们真正希望去做的事情。放弃是生活时时面对的清醒选择，学会放弃才能卸下人生的种种包袱，轻装上阵；懂得放弃，才能拥有一份成熟，才会活得更加充实、坦然和轻松。人生如戏，每个人都是自己生命唯一的导演，只有学会放弃的人才能彻悟人生、笑看人生，拥有海阔天空的人生境界。

## 什么都想要,什么都得不到

生命之舟载不动太多的物欲和虚荣,在驶向彼岸时要学会减负。若想驾驭好生命之舟,每个人都面临着一个永恒的课题:学会放弃!

在我们的现实生活中,需要有一种放弃的清醒。在市场经济的今天,摆在每个人面前的诱惑实在太多,特别是对有权者来说,可谓"得来全不费功夫"。这就需要人们保持清醒的头脑,勇于放弃。如果抓住想要的东西不放,甚至贪得无厌,就会带来无尽的压力,痛苦不安,甚至毁灭自己。

人生是复杂的,有时又很简单,甚至简单到只有取得和放弃。对于应该取得的完全可以理直气壮,对于不该取得的则当毅然放弃。取得往往容易心地坦然,而放弃则需要巨大的勇气。欲望就像是一条锁链,一个牵着一个,永远都不能满足。生命之舟载不动太多的物欲和虚荣,在驶向彼岸时要学会减负。若想驾驭好生命之舟,每个人都面临着一个永恒的课题:学会放弃!

俄国作家托尔斯泰写过一则短篇故事:

有个农夫,每天早出晚归地耕种一小片贫瘠的土地,但收成很少。一位天使可怜农夫的境遇,就对农夫说,只要他能不断往前跑,他跑过的所有地方,不管多大,那些土地都全部归他。

于是,农夫兴奋地向前跑,一直跑,一直不停地跑!跑累了,想停下来休息,然而,一想到家里的妻子和儿女都需要更大的土地来耕作、来赚钱,于是,他拼命地再往前跑!真的累了,农夫上气不接下气,实在跑不动了!可是,农夫又想到将来年纪大了可能乏人照顾、需要钱,就再打起精神,不顾气喘不已的身子,再奋力向前跑！最后，他体力不支，“咚”地倒躺在地上，死了！

的确，人活在世上，必须努力奋斗；但是，当我们为了自己、为了子女、为了有更好的生活而必须不断地“往前跑”、不断地拼命赚钱时，也必须清楚地知道，有时该是“往回跑的时候了”！因为妻子、儿女正眼巴巴地倚着门等我们回来呢！

因为放不下到手的职务、待遇，有些人整天东奔西跑，耽误了更远大的前途；因为放不下诱人的钱财，有人费尽心思，利用各种机会去大捞一把，结果常常作茧自缚；因为放不下对权力的占有欲，有些人热衷于溜须拍马、行贿受贿，不惜丢掉人格的尊严，一旦事情败露，后悔莫及……贪婪是大多数人的毛病，有时候，抓住自己想要的东西不放，就会为自己带来压力、痛苦、焦虑和不安。什么都不愿放弃的人，最后往往什么也没有得到。

迈克小的时候，有一次和祖父进林子去捕野鸡。祖父教迈克用一种捕猎机，它像一只箱子，用木棍支起，木棍上系着的绳子一直接到迈克隐蔽的灌木丛中。只要野鸡受撒下的玉米粒的诱惑，一路啄食，就会进入箱子。迈克只要一拉绳子就大功告成。

他们支好箱子，藏起不久，就飞来一群野鸡，共有九只。大概是饿久了，不一会儿就有六只野鸡走进了箱子。迈克正要拉绳子，突然心想，那三只也会进去的，再等等吧。等了一会儿，非但那三只没进去，反而走出来三只。迈克后悔了，对自己说，哪怕再有一只走进去就拉绳子。接着，又有两只走了出来。如果这时拉绳，还能套住一只，但迈克对失去的好运不甘心，心想，总该有些要回去吧。终于，连最后那一只也走出来了。

那一次，迈克一只野鸡也没能捕捉到，却捕捉到了一个受益终生的道理：人的欲望是无法满足的，而机会却稍纵即逝。贪欲不仅让人难以得到更多，甚至连原本可以得到的也会失去。

炒过股票的人对这个故事体会最深:当手中的股票开始赚钱时,想着还会再涨,等等吧。当已往下跌时,想着前几天那个高点都没卖,现在卖只能赚这么点钱,等涨回点儿再说。结果,成了套牢一族。煮熟的鸭子也会飞,就是这个道理。人生在世,很多美好的东西并不是我们无缘得到,而是我们的期望太高,往往在刚要接近一个目标时,又突然转向另一个更高的目标。西方一位哲人曾说过这样一句话:“人的欲望是座火山,如不控制就会害人伤己。”

果断放弃,不失为一种明智之举。有得就有失,得失之间的取舍不可能两全,我们应该明白不放弃的后果是使情况变得更糟。大到军国之事、商务决策,小到个人情感、家庭琐事,如果优柔寡断,那“无可奈何花落去”的悲伤将与我们随时相伴。在患得患失中,稍纵即逝的机遇会使我们遗憾终生,扼腕惆怅。

在生活中,我们必须学会放弃,学会可以为了一棵树而放弃整个森林,这也许便是另一种珍惜。未来是不可知的,而对眼前的这一切,还来得及把握,还可以在无限中珍惜这些有限的事物!人生,也正是在这种放弃与珍惜之中得到升华!

## 舍弃是做人的功底，也是人生的必修课

舍弃是生存的一种方式，成功者都是那些善于取舍的人。舍弃是痛苦的，但不舍弃结果会更惨。该舍弃时就要舍弃，这样才能用一时的痛苦换来长久的幸福。

“鱼，我所欲也；熊掌，亦我所欲也。二者不可兼得，舍鱼而取熊掌也。”两千多年前，孟子就以形象的比喻把舍与取的问题引入深刻的哲学。鱼和熊掌全都有，这是最理想的，但这种可能也最小，一般情况下是不可能的；鱼与熊掌选一个可取的，这是理智的，虽然仅得一个，其实恰是成功；鱼和熊掌一样也没捞着，是悲剧，其原因多是出自什么都不想放弃，吃着碗里看着锅里，结果是鸡飞蛋打。

理智是舍弃的最好注释。如果最好的“兼得”已被限定了“不可”，说明那已经不再属于你，爱也没用。被夹住的狼，会咬断自己的腿，保全生命。舍弃是大自然的规律，舍弃也是生存的一种方式。舍弃是勇敢者的行为。成功者是那些善于取舍的人。舍弃是痛苦的，但不舍弃结果会更惨。所以，我们应该理智地面对生活，该舍弃时就舍弃，用一时的痛苦换来长久的幸福。

欧洲金雕筑巢于高山悬崖，它以尖利的喙和强壮的爪宣布自己是天空的王者。金雕一窝，只孵出两只幼雏。在食物不足的年代，小金雕常常挨饿，金雕妈妈也只能眼看着孩子饿得嗷嗷叫。到这时，两只小金雕就用力互相挤靠，结果总是相对弱小的那只被挤下山崖摔死。而这时的金雕妈妈又总是容忍这种“兽行”。

人类是难以理解金雕的,但是,面对残酷的饥饿环境,金雕必须如此,否则只能全部饿死。岂止金雕,我们人类不也时时面对着痛苦的舍弃吗?拥有是一种幸福,可是有时放弃是为了更好地拥有。生活中,鱼和熊掌是不能兼得的。过分的执着从某种意义上说无疑是一种沉重的负担,甚至是一种伤害。作为凡人,我们有着太多的欲望,包括对金钱、名利和情感。这没什么不好,欲望本来就是人的本性,也是推动社会进步的一种动力。但是,欲望又是一头难以驾驭的猛兽,它常常使我们对人生的舍与得难以把握,不是不及,便是过之,于是便产生了太多的悲剧。因此,我们只有真正把握了舍与得的机理和尺度,才能把握人生的钥匙、成功的门环。要知道,百年的人生也不过就是一舍一得的重复。

放弃是一种苦,但是苦中也有乐。我们只有放弃贪欲虚名、放弃权力角逐,放弃金钱的诱惑,才能卸下人生的种种包袱,轻装上阵,快速到达目的地。我们的人生就像一朵盛开的小花儿,在绽放斑斓的同时也会结出凋零般的烦恼。我们的人生就像一支燃烧的红蜡烛,在浪漫温馨的时刻也会残留下斑斑的泪痕。所以我们这些生活的跋涉者在人生旅途中必须放弃沉重的无奈,去拥有一份好心情,去撷取人间瑰丽的风景。

在滑铁卢大战中,大雨造成的泥泞道路使炮兵移动不便。拿破仑不甘心放弃最拿手的炮兵,而如果推迟时间,对方增援部队有可能先于自己的援军赶到,那么后果将不堪设想。然而,在踌躇之间,数小时过去了,对方援军赶到。结果,战场形势迅速扭转,拿破仑遭到了惨痛的失败。

拿破仑的失败足以证明:在人生紧要处,在决定前途和命运的关键时刻,我们不能犹豫不决,徘徊彷徨,而必须明于决断,敢于放弃。如果你百般努力却成功无期,你不妨学会放弃,换一个活法,或许你会惬意无比;如果你走进一条无路的死胡同,你应该赶快放弃,必要的回头会给你带来新的契机;如果你得到一个意外的便宜,你应该赶快放弃,便宜的背后,往往潜藏着危机……

都说“得不到的东西最美丽”，既然明知不可能得到，又何必为此朝思暮想呢？“为伊消得人憔悴”，是否真的可以“衣带渐宽终不悔”呢？不如把这份美丽保留在心中，好好珍惜和享受一些已经拥有的美丽。如果不懂得放弃不属于自己的东西，就不会珍惜身边的美好，结果将可能是一无所有。只要自己适当地选择执着与放弃，不太过于强求，顺其自然，往往就能在不经意间找到真正适合自己和属于自己的东西。

其实，舍弃是自然界的规律，舍弃是人生的一种成长方式，是一种艺术、一种健康生活的艺术。人生需要执着，但执着是因为有了众多舍弃才闪耀光华；人生需要舍弃，有了明智的舍弃，才能迎来最后的成功。所以说，舍弃是做人的功底，也是人生的一堂必修课。

## 拥有财富,别被财富拥有

一旦对财富奢求过度,就会使人生变得苦不堪言。放弃那些你不需要的、不属于你的东西,你就可以将悲伤、失败等不好的东西归零,轻装上阵。

适量的财富可以让我们品尝到生活的轻松和美好,但是一旦对财富的奢求过度,就会失去追求财富的本来意义,使人生变得苦不堪言。我们总是想要这个或那个,如果不能得到我们想要的,我们就会不停地去想它,并且保持一种不满足感。当我们贪婪不知足时,是得不到幸福的。

为了占有,为了比较,我们背上沉重的负担,无时无刻不在紧张的拼搏之中。轻松与自由失去了,与轻松与自由休戚相关的快乐也就失去了。幸运的是,有个可以快乐起来的方法,那就是改变我们思考的重心,从我们所想要的转向我们所拥有的。不是期望你的爱人是别人,而是试着去想她美好的品质;不是抱怨你的薪水,而是感激你拥有一份工作;不是期望你能去夏威夷度假,而是想到你家附近亦有乐趣。这样想,你会感到快乐无处不在。

有一天,几位学生怂恿苏格拉底去热闹的集市逛一逛。他们七嘴八舌地说:"集市里的东西可多了,有很多好听的、好看的和好玩的,有数不清的新鲜玩意儿,衣、食、住、行各方面的东西应有尽有。您如果去了,一定会满载而归。"他想了想,同意了学生的建议,决定去看一看。

第二天,苏格拉底一进课堂,学生们立刻围了上来,热情地请他讲一讲集市之行的收获。他看着大家,停顿了一下说:"此行我的确有一个很大的收获,就是发现这个世界上原来有那么多我并不需要的东西。"随后,苏格拉底说了这样的话:“当我们为奢侈的生活而疲于奔波的时候,幸福的生活已经离我们越来越远了。幸福的生活应追求简单,比如,最好的房间,就是必需的物品一个也不少,没用的物品一个也不多。做人要知足,做事要知不足,做学问要不知足。”

有些人永远不会满足,他的快乐只建立在不断地追求与争取的过程之中,因此他的目标不断地向远处推移。这种人的成就可能很大,但快乐可能很少。苦乐全凭自己的判断,这和客观环境并不一定有直接关系。正如一个不爱珠宝的女人,即使置身在极其重视虚荣的环境,也无伤她的自尊;拥有万卷图书的穷书生,并不想去和百万富翁交换股票或钻石;满足于田园生活的人,也并不羡慕任何学者的荣誉头衔或高官厚禄。你的爱好就是你的方向,你的兴趣就是你的资本,你的性情就是你的命运。各人有各人理想的乐园,有自己所乐于安享的花花世界。

忙碌可以是一种幸福,只要你清醒地知道自己忙碌的意义。清闲可以是一种境界,只要你不至于因此而麻木。我们有没有问过自己,究竟想要一种什么样的生活?我们有随时停下来审视道路和重新选择方向的自由,也该有拒绝“身不由己”的权利。

丹尼斯·狄德罗是18世纪法国著名哲学家。有一天,朋友送给他一件质地精良、做工考究、图案高雅的红色睡袍。他非常喜欢,穿着它在家里找感觉。他发现家具的风格有些不对,地毯的针脚也粗得吓人。于是,为了与睡袍配套,他把旧的东西先后更新,家具终于都跟上了睡袍的档次。然而,他越想越觉得不舒服,因为自己居然被一件睡袍指挥了,甚至是胁迫了。后来,狄德罗把这种感觉写成一篇文章,题目是《与旧睡袍离别的痛苦》。

两百多年后,美国哈佛大学经济学家朱丽叶·施罗尔写了《过度消费的美国人》一书。书中把狄德罗的那个经历概括为“狄德罗效应”或“配套效应”,专指人们在拥有了一件新的物品后,不断配置与其相适应的物品,以达到心理平衡的现象。

“狄德罗效应”给人们一种启示:对于那些非必需的东西尽量不要。因为,如果你接受了一件,那么外界的和心理的压力会使你不断地接受更多非必需的东西。

我们每个人都得小心控制自己希望金钱越多越好的欲望。我们得提醒自己,钱只是供你维持合理的生活水准而已;若在此之外,你还有多余的钱,那都只是“点心”,是你努力工作的报偿而已。一个人所具有的价值,只要它确实存在,就绝不会因穿着华服或蓑衣而有所改变,关键在于有自持之态。陶潜荷锄自种,嵇康树下锻炼,均为贫介之士,但他们的精神万古流芳。古人曰:“达亦不足贵,穷亦不足悲。”“人不可以苟富贵,亦不可以徒贫贱。”这对于我们如何生活,的确是足以借鉴的箴言。

懂得放弃,放弃那些你不需要的、不属于你的东西,你就可以将悲伤、失败等不好的东西归零,轻装上阵。正如树为结出饱满的果实,就必须放弃自己美丽的花朵;要享受灿烂的阳光,就必须舍弃雨水的滋润。只有放弃了过高的奢望,放弃了不可能实现的梦想,放弃了无法收拾的残局,才能脚踏实地,重新开始,拓展出一片新天地。

## 放下这一片树叶，就能得到更多的风景

你认为最好的其实未必适合你。只有放下那山的风景，你的心情才能舒畅，你才能得到这山的关爱，活得坦然，过得洒脱。

两千多年前的老子清醒地认识到人类贪欲自私的弱点，通过对名誉、财富、得失等问题的追问和思考，得出一个结论：过分地贪爱必然会付出沉重代价，过多地拥有必然导致失去更多。所谓“少则得，多则惑”，“夫唯不争，故天下莫能与之争”，同样是讲矛盾的辩证转化。这些观点，在今天仍然发人深省。所以，在名与利、得与失上，要时刻保持清醒的头脑和明智的选择，只有这样，才可以“知足不辱，知止不殆”，你的生命、名声、利益才可以长久。

有人说，人生之难胜过逆水行舟，此话不假。人生在世界上，不如意的事情占十之八九，获得和舍弃这对矛盾时刻困扰着我们。倘若你的心境因凡尘变得支离破碎，请别消极，请尝试地站在新的角度，以一颗积极健全的心去对待生活中的点点滴滴。也只有这样，你才能轻松、愉悦地走过人生的风风雨雨！明白了舍弃之道和获得之法，并运用于生活，我们就能从无尽的烦恼中解脱出来，在人生的道路上进退自如，豁达大度。

电影《上帝也疯狂》讲述的是发生在非洲卡拉哈里地区的一个故事。这是个似沙漠又非沙漠的地区，在荒僻处，生活着一大家黑人。虽然与现代文明隔绝，但他们的日子自足而又快乐。

一天，主人公基从外边打猎归来，捡到了一个从天而降的可乐瓶子。他们从来没有见过这个“怪物”，它质地坚硬，太阳下闪闪发光，放在嘴边还能吹出好

听的声音,他们坚信这是上天赐给他们的一件不同凡响的礼物。开始时,大人们互相传递,爱不释手,谁都想让瓶子在自己的手里多停留一会儿。后来便是孩子,常常因为得不到它而打架。生活,因为这样一个突然降临的瓶子而不再宁静了。

往昔平静而祥和的家,因为这个瓶子,开始变得不再和睦。于是,基决定带上这个邪恶的东西,走到天边,把它归还给上天……

也许基根本走不到天边。但是,正是由于有了这样一份舍弃,让我们发现这一刻的世界比前一刻的世界更美,更富有人情味,也许,这已经足够了。不知是哪一位哲人说过,人生最远的距离是“知”和“行”。有舍弃才有获得,道理谁都懂得,然而,要照着去做,可就不容易了。不容易在哪里?外面的世界很精彩,舍弃很痛苦。精彩的外面的世界里充满着诱惑,要舍弃的事情有时很美丽,人们不知道哪些是该获得的,哪些是该舍弃的,就像柳宗元笔下那种叫蝜蝂的小虫,它见到东西就想背着,结果被累死了;就像《太阳山背金子》里那位贪心的老大到太阳山上去背金子,由于想获得的太多,结果被太阳烧死了。

得与失总是辨证的,在众多的拥有中,我们每一个人只能是一部分拥有。在生活中,你得到了事业,就很可能要失去生活;你坚持了原则,就会失去朋友;你舍不得机关生活的安逸,就得不到下海经商的收获,什么都想到的人,结果什么都得不到。不否认“人应该努力工作”,但是在追求个人成就的同时,不应该舍弃均衡的生活,否则就称不上“完整”的人生。工作既要进得来,也要出得去。只有进得来才能把工作做好,而只有出得去才获得均衡生活,使自己的人生更丰富、更有意义。

吴士宏在《逆风飞扬》一书中说:“得到今天的一切,我付出了很大的代价,大到我不建议美丽的女人们也去做同样的付出。人生有丰富的意义,不是只有事业、职业经理人,或者是‘企业家’才是有意义的实现。”除了工作,生活中还有许多值得我们重视的事情:健康、爱情、亲情、友情……在它们中间寻找到一个平衡,我们才能享受快乐的人生。

工作不是生活的全部,事业有成也不应是职业选择的唯一标准。舍得既是一种处世的哲学,也是一种做人的艺术。舍舍得得、得得舍舍就充满在我们琐碎的日常生活中,演绎着成功和失败的故事。舍得,得舍,何得?何舍?刚者则柔不足,柔者则刚不足,勇者必戾,智者必诈,世间万物,芸芸众生,无有完美,对应其优点必有缺点!舍弃与得到之间的利弊用什么权衡?造化弄人,舍得间是痛苦并快乐着!

舍得是选择,舍得是承担,舍得是忍耐,舍得是智慧,舍得是痛苦,舍得是喜悦。《左传》中有句话:“君以此始,则必以此终。”你选择了一个人、一个事物的某一点,就要承担你的选择所带来的连锁反应,选择了一个人的勇猛,就要容忍他的暴戾;选择了一个人的智慧,就要容忍他的狡诈。选择了,舍得了,无非是要真正地知道你自己要的是什么,你是不是真正地知道自己在做什么。

常言道:这山望着那山高,到了那山更糟糕。人心不足蛇吞象,也是这个道理。你认为最好的其实未必适合你。只有放下那山的风景,你的心理才能平衡,你的心情才能舒畅,你才能得到这山的关爱,活得坦然,过得洒脱。

## 每一种失去,都是另一种收获

能否舍弃人生路上必须舍弃的东西,这是衡量一个人是否成熟、是否具有智慧的一个重要标准。只要我们抱着积极乐观的心态,失去也会变得可爱。

人生短暂,与浩瀚的历史长河相比,世间一切恩恩怨怨、功名利禄皆为短暂的一瞬,“福兮祸所伏,祸兮福所倚”。得意与失意,在人的一生中只是短短的一瞬。普希金在一首诗中写道:“一切都是暂时的,一切都会消逝;让失去的变为可爱。”有时,失去不一定是忧伤,反而会成为一种美丽;失去不一定是损失,反倒是一种收获。只要我们抱着积极乐观的心态,失去也会变得可爱。

能否舍弃人生路上必须舍弃的东西,这是衡量一个人是否成熟、是否具有智慧的一个重要标准。因为,只有当一个人能够冷静而准确地认识自己、认识环境,能够理性、客观地规划自己的理想与生活的时候,他才敢舍弃,他才能够舍弃。

比尔·盖茨放弃大学学业创立微软公司,成为世界上最富有的人。有人说,即使面前有一张百元大钞,比尔·盖茨也不会弯腰捡起,因为捡起这张钞票的同时他将损失上百万美元。或许这种说法有点夸张,但比尔·盖茨是个绝顶聪明的生意人,他明白,放弃来之不易的学业能够使他拥有开创一个时代的机会,放弃面前的一百美元能给他带来更为丰厚的收益。

生活在尘世中的人们,有一个可怕的心理,就是“终朝只恨聚无多”。如果干什么都想赢,舍弃谈何容易?纵观社会,横看人生,有撑死的,也有饿死的;有穷死的,也有富死的;有能死的,也有窝囊死的;有因祸得福的,也有因福得祸的，如此等等，不一而足。何时该获得，何时该舍弃，真是很困难，天下没有放之四海而皆准的真理，只有根据此时、此地、此情、此景去综合地考虑。但是，人们考虑获得和舍弃的时候大都有一个误区，不能用辩证的哲学观点来权衡获得和舍弃的利弊得失。

放弃是一种睿智，它可以放飞心灵，可以还原本性，使你真实地享受人生；放弃是一种选择，没有明智的放弃就没有辉煌的选择。进退从容，积极乐观，必然会迎来光辉的未来。放弃绝不是毫无主见、随波逐流，更不是知难而退，而是一种寻求主动、积极进取的人生态度。我们不惜一切求取成功，可是，失败是不可避免的。如果我们做得优雅，保持平衡，我们就可以得到平安，在经验中成长。就像松开一个握紧的拳头，我们会感到自在而有活力。

迈克生活在一个家境很好的家庭，毕业后也没费什么周折，进了一家大型企业。然而，接下来的一切让他始料不及：单位的人际关系非常复杂，而他说话办事都率性而为，不懂得收敛。渐渐地，他听到了一些议论，说他年轻气盛、做事毛糙等。从小就养尊处优惯了的迈克觉得非常沮丧。

回到家，他把在单位遇到的种种不愉快说给父亲听。父亲听完后，给他讲了一个故事：有个人在一次车祸中不幸失去了双腿，而他却说道，“这事确实很糟糕。但是，我保存下了性命，并且我可以通过这件事认识到，原来活着是一件多么美好的事情——我失去的只是双腿，却得到了比以前更加珍贵的生命。”

父亲说：“这个遭遇车祸的人是个智者，他知道失去双腿是一件已经发生的事实，哪怕再痛苦也改变不了。所以，他换了一个角度，同样一件事情，他能够找到积极的那一面。而你……”父亲的一番话让迈克豁然开朗。回到单位之后，每当再遇到不顺心的事情时，他就想：这是一件好事情，它至少说明我有不足甚至不对的地方，我得改正自己。如果确实不是他自己的问题，他也不再像以前那样气恼，而是想：这说明别人对我的要求比较高，我得加把劲儿。同样的一件事情,过去给他带来的是烦恼、苦闷,而现在带给他的则是积极向上的动力。

我们在现实生活中,需要有一种舍弃的智慧。当你与人发生矛盾或冲突时,只要不是什么原则问题,你完全可以舍弃争强好胜的心理,甚至甘拜下风,这样就可能避免两败俱伤;当你在生活中与人发生摩擦时,舍弃争执,保持缄默,就可以唤起对方的恻隐之心,换取和谐相处。

放弃,是一种睿智,是一种豁达,它不盲目,不狭隘。放弃,对心境是一种宽松,对心灵是一种滋润,它驱散了乌云,它清扫了心房。有了它,人生才能有爽朗坦然的心境;有了它,生活才会阳光灿烂。善于放弃是一种境界,是历尽跌宕起伏后对世俗的一种坦然,是饱经人间沧桑之后对财富的一种感悟,是运筹帷幄、充满自信的一种流露。只有在了如指掌之后才会懂得放弃并善于放弃,只有在懂得并善于放弃之后才会获得大成功,因此,我们在争取拥有的同时,也要懂得学会放弃,遇事不妨退一步,不必斤斤计较。

## 舍弃完美,哪有什么完美

生活中人们总在追求完美,但童话故事中的完美在现实生活中是不存在的,我们可以追求生活中的美,但不能奢求完美,因此要懂得放弃的艺术。

在现实生活中,人们总在追求完美:中专毕业的,要进修个大专文凭;大专毕业的,则要立志“升本”;本科毕业的,还要发誓“读研”。至于职业人士中,渴望考个公务员,期待将来混个一官半职的,更是大有人在……

欲望无止境的人们,追求完美的心态似乎也无止境。事物的本来面目就是这样:世事大多并不完美!“找一片最完美的树叶”,人们的初衷总是美好的,但是,如果不切实际地一味找下去,往往会吃尽苦头而无所得。直到有一天你才会明白:为了寻求“一片最完美的树叶”而失去许多机会,是多么得不偿失。况且,人生中“最完美的树叶”又在哪里呢?童话故事中的完美在生活中是不存在的,我们可以追求生活中的美,但不能奢求完美,因此要懂得放弃的艺术。下面是英国大作家萧伯纳关于爱情的一封信,相信你读过之后,一定会受到启发。信是这样写的:

你的来信收到了,你在信中说你希望将来的爱人更优秀、更出色,这是情理之中的。可一个非常优秀的人也往往有非常明显的缺点,那是由一个人的学历、经历、阅历所决定的。那种只有优点没有缺点的人是不存在的。

如果你留心一下,我们周围那些大龄未婚女子大多是优秀的女人。她们中只有很少一部分是真正想独身的,而大多数人只是没有找到自己心目中的白马王子,而不肯随便嫁一个人罢了。她们在按照自己心中的理想苦苦地寻觅着白马王子,可多年以后依然一无所获。

其实,不是这个世上没有好男子,而是这个世上没有被重新组合起来而没有任何缺点的男子。她们的悲剧不在于自己追求爱情与婚姻的完美,问题是,你追求的完美应该是世上存在的,现实生活中能寻找得到的。

在这个世界上,没有任何人有权利替你作出选择。你在信中说有三个小伙子在追求你,可能有一个将来能成为你的丈夫,也可能你未来的丈夫是三个人之外的更优秀的一个小伙子,但你要记住,不要把幻想中的或是小说中的人当成现实的人,不要企图找一个没有缺点的人。没有缺点的人有,但那个人肯定没有优点。你也不要脚踏几只船,同时和几个人谈恋爱,那样,最后苦恼的只能是你自己……

萧伯纳这封简短的信,让我们知道了这样一个道理:在现实生活中没有十全十美的人,如果你一味地按着自己心中所描绘的爱情去寻找爱人,那么到头来只能是虚度年华。比较现实的做法,是找一个你认为比较适合自己的人与之相伴,尽管他或她可能有这样或那样的缺点,甚至是缺陷。

的确,世间万物不可能总是十全十美的,这不仅是一种现状,也似乎是一种规律,就像我们的心情不可能总是晴天、人们的相貌也不全是俊美一样,“残缺”总是不可避免地出现在各自的生活里。我们当初都以为地球是圆的,其实它上大下小、貌似一个不规则的“大梨”;我们也以为太阳原本是一个发光的、纯净如水晶的星体,但它也有沟壑,有火山,甚至有黑子;我们还以为河流都像地图上标设的那样,两岸翠绿,河水清清,但是当我们走近,才发现河水混浊,泥沙沉积,甚至河水被污染得发黑、发臭……唉!真的很无奈,现实就是这样,完美似乎总在跟我们作对,与我们的想象玩着猫捉老鼠的游戏。但令我们稍感安慰的是,残缺有时可能产生另一种美!

据科学研究发现,许多大师和伟人,常常是因为某种基因缺陷而成为天才

的。舒伯特、莫扎特等音乐神童，梵·高、米开朗琪罗等绘画和雕塑大师，牛顿、爱因斯坦等科学家，还有林肯、罗斯福等政治家，都因其基因链条的缺陷，患有不同程度的孤僻症、狂躁症等精神疾病。也就是说，残缺让他们更优秀、更伟大！再比如众所周知的爱神维纳斯雕像，那断臂的残缺不是没有可能修复，只是当艺术家们尝试之后才发现，所有的修复统统是画蛇添足，反而破坏了残缺美的意境！

当然，令我们更感欣慰的，则是有些残缺经过修复，能达到另一种完美——之前你不敢想象的美！也就是说，这种伤害后的补救，甚至可以“补”出比原有状态更惊人的美，让它显现出一种别样意义上的完美来！

其实，这样将错就错的完美，生活中还有很多，从古至今不是出现了许多置之死地而后生的“超人”吗？有些盲人，成了大音乐家、高级按摩师；有些腿残的人，成了仪器精修工，甚至作家、翻译家……因为你太求完美，所以到最后连你应该得到的都将失去。世界万物皆不完美，人生总有缺憾。当你凡事苛求时，很可能因沉重的心理负担而不快乐。只有那些在绝境中仍能抓住一丝快乐的人，才能领悟生命中快乐的真谛。你主宰着自己的命运，你有选择的自由。面对一件事情，你可以选择痛苦，也可以选择快乐。这完全由你决定。

当你对自己生活中所追求的东西作出放弃的时候，你一定要记住法国伟大的思想家、人生大师蒙田所说的话：“这个世界上，极少有几个生活的榜样是完美和纯粹的。”

# 得失相依：有得必有失，有失才有得

[第七章]

拥有时，并不代表如意；失去后，也并不表示结束。有得必有失，有失必有得，人生就是这样一个得与失的过程。在得与失之间，我们无须不停地徘徊，更不必苦苦地挣扎，应该用一颗平常心来看待生活中的得与失。我们要清楚对自己来说什么才是最重要的，然后主动放弃那些可有可无、不触及生命意义的东西，求得生命中最有价值、最纯粹的东西。去粗存精的放弃，是为了更轻松、欢快地迈向人生的光辉顶点。

## 人生,没有绝对的得与失

人生有所失才会有所得。在你认为得到的同时,可能会在另外一方面失去一些东西;而在失去的同时,也可能会有一些你意想不到的收获。

人生的许多烦恼都源于得与失的矛盾。如果单纯就事论事来讲,得就是得到,失就是失去,两者泾渭分明,水火不容。但是,从人的生活整体而言,得与失又是相互联系、密不可分的,在一定程度上,我们甚至可以将其视为同一件事情。我们不妨睁开眼睛仔细看一看,动动脑子认真想一想:在生活中有什么事情纯粹是利,有什么东西全然是弊?显然没有!所以,凡是心胸开阔的人都懂得,天下之事,有得必有失,有失必有得。

人生中,得与失,常常发生在一闪念间。到底要得到什么?到底会失去什么?仁者见仁,智者见智。不可否认的是,人应该随时调整自己的人生目标,该得的,不要错过;该失的,洒脱地放弃。都得,一定是他人为你放弃;都失,也太对不起自己。

据说上帝在创造蜈蚣时,并没有为它造脚,但是它仍可以爬得像蛇一样快。有一天,它看到羚羊、梅花鹿和其他有脚的动物都跑得比自己快,心里很不高兴,便嫉妒地说:“哼!脚多当然跑得快。”于是它向上帝祷告说:“上帝啊,我希望拥有比其他动物更多的脚。”

上帝答应了蜈蚣的请求,他把好多好多的脚放在蜈蚣面前,任凭它自由取用。蜈蚣迫不及待地拿起这些脚,一只一只地往身休上粘,从头一直粘到尾,直到再也没有地方可粘了,它才依依不舍地停止。它心满意足地看着满是脚的躯体,心中暗暗窃喜:“现在我可以像箭一样地飞出去了!”但是当它开始要跑时,才发觉自己完全无法控制这些脚。这些脚噼里啪啦地各走各的,它非得全神贯注,才能使一大堆脚顺利地往前走。这样一来,它反而比以前走得更慢了。

人生一世,就是在“得”“失”之间度过和完成。有所得,必有所失;有所失,总有所得。你得到什么,也可能失去什么;同样,你失去什么,也可能得到什么。有时你在物质上作出了牺牲,看似亏了,但精神上得到了莫大的安慰和享受,实际上你并没有亏;有时你付出了,或者是少得了,看似亏了,实际上你表现出了高姿态、高风格,大家心中有数,佩服你、敬重你,可能在另外条件下、其他场合中,优待你、赐予你更多的利益或荣誉,使你占足了“便宜”。

上天给予我们每个人的都是一座丰富的宝库。但你必须学会放弃,选择适合你自己的。人生有所失才会有所得,只有放弃一部分,我们才会得到另外一部分;只有放弃某种我们凭“惯性”固守着的东西,才会得到另一些真正对我们有用的东西。

苏哈和一个极愚笨的人由于意外的原因,同时得到了命运之神的宠幸。命运之神说:我给你们一次中巨额奖金的机会,有花不完的硬通货。

苏哈提出额外的要求:我比那笨人更多理性、智力,我应该在最后比他富有。命运之神勉强答应了。愚笨的人果然有了横财,他只能就俗,宝马香车、美人红酒。中年以后,穷极无聊,成为赌场的常客。当钱所剩不多时,他寿终正寝,结束了庸俗的一生。而苏哈在死之前一天才中了1亿美元的彩票。命运之神满足了他的要求。这说明,有时好处求得越多,死得越尴尬。

苏哈第二次和一个极愚笨的人得到命运之神的宠幸时,他再加上额外的要求:我要和那愚笨的人同样在年轻时富有,而且应该在最后比他富有。命运之神劝他收回要求未果,悲伤地答应了他。两个人同一天有了两亿美元。愚笨的人毫无创造性地当即过上了物质主义的生活,苏哈用了一天拟定他比愚人高妙千倍的花钱计划。第二天,他死了,命运之神再次满足了他的要求。这说明,有时好处求得越多,死得越悲惨。

命运之神宠幸他们的第三次,苏哈仔细思考了无缺憾的要求,以便使自己能占尽上风,他说:我要和他同样在年轻时走运,终生比他有钱,而且长命百岁,这样,才能对得起我的智慧。命运之神马上允许了。结果,愚笨的人得到了3亿美元,而聪明的苏哈得到了一个精神病医生的护理。据说,命运之神有这样一条准则:如果一个人处心积虑地要把所有的好处全给自己,就有病了。

在这个世界上,没有一劳永逸、完美无缺的选择。你不可能同时拥有春花和秋月,不可能同时拥有硕果和繁花。你不可能同时拥有明星的欢呼鲜花和隐者的清逸自在。你不可能同时走上两条不同方向的道路,各个方面都出类拔萃。你不可能把所有的好处都占完了。你总要学会权衡利弊,学会放弃一些什么,然后才可能得到些什么。你总要学会接受生命的残缺和悲哀,然后心平气和。因为,这就是人生。

过去,我们常常为自己失去的东西而闷闷不乐甚至后悔,以至于把自己本应该丰富多彩的青春弄得黯然失色。其实,我们的一生总在得失之间,我们只有认清了这一点,才不至于因为失去而后悔,才能生活得更快乐。

## 舍得就是得失之间的相互转换

善于舍弃,包含着审时度势的大智慧,从这个意义上来说,“舍”本身就是“得”。善于舍弃,主动向后退一步,反而会获得更加广阔的发展空间。

在汉语中,“舍”与“得”是连在一起的。的确,舍得舍得,没有舍便没有得,舍中有得,得中有舍。在很多情况下,要想得到一些东西,就必须舍弃另外一些东西。舍,看起来是给人,实际上是给自己;给人一句好话,你才能得到别人的赞美;给人一个笑容,你才能令别人也对你“回眸一笑”!

“舍”和“得”是因果相关的,舍与得也是互动的。能够“舍”的人,一定拥有富者的心胸,如果他的内心没有感恩、结缘的性格,他怎么肯“舍”给人,怎么能让人有所“得”呢?他的内心充满欢喜,他才能把欢喜给你;他的内心蕴藏着无限的慈悲,他才能把慈悲给你。自己有财,才能舍财;自己有道,才能舍道。

清代红顶商人胡雪岩破产时,家人为财去楼空而叹惜,他却说:“我胡雪岩本无财可破,当初我不过是一个月俸四两三银子的伙计,眼下光景没什么不好。以前种种,譬如昨日死,以后种种,譬如今日生吧。”胡雪岩失去了一手经营的万贯家财,却没失去心理上的平衡。

著名作家贾平凹说:“舍与得实在是一种哲学,也是一种艺术。”人的一生总是这样,面对着一个又一个无穷无尽的“舍”与“得”,在或主动或被动的不断选择之中,不难体会到这样的情形:总是想“得”的念头多,想“舍”的时候少;“得”之兴奋不已,“舍”之却懊恼难当;故想“得”易,想“舍”难。

“得”建立在“舍”的基础之上,但“得”的获取还与多种因素有关,有“舍”并不一定有“得”,而不“舍”则一定不会有“得”。如参加奥运会的运动员都曾进行过长时间的高强度训练,所在国家或地区亦曾为他们花过不少钱,都有所“舍”,但赛场上的奖牌只有三枚,冠军只有一个,绝大多数人与奥运冠军甚至与奖牌无缘;但如果不进行长时间高强度的训练,舍不得“舍”,则肯定拿不到奖牌,更不可能拿到金牌。

舍得放弃是一种超脱,当你能够放弃一切做到简单、从容、快乐地活着的时候,你人生中的那道坎儿也就过去了。人生就像是我们在列车上的一次长途旅行,到了站点,你就必须下车。沉迷于过往的人将永远生活在痛苦和遗憾之中。

飞速行驶的列车上,一位老人不小心将刚买的新鞋从窗口掉下去一只,周围的旅客无不为之惋惜,不料老人毅然把剩下的另一只也扔了下去。众人大惑不解,老人却从容一笑:“无论鞋多么昂贵,剩下一只对我来说就没有什么意义了。把它扔下去,就可能让拾到的人得到一双新鞋,说不定他还能穿呢!”

老人在丢了一只鞋后,毅然丢下另一只鞋,这便是成熟而理智的表现。一般来说,人们总是飘飘然于拥有的喜悦,而凄凄然于失去的悲伤。老人却以从容的达观之态,超越于世人之上。的确,与其抱残守缺,不如舍去,或许会给别人带来幸福,同时也使自己心情舒畅。老人这种舍得的做法令人顿生敬意,也值得我们深思。

善于舍弃,包含着审时度势的大智大慧,当断则断的大勇大谋。扬长避短,壮士断腕,两利相权取其重,两害相权取其轻,从这个意义上来说,“舍”本身就是“得”。古人说:“退一步海阔天空。”善于舍弃,主动向后退一步,反而会获得更多的利益,拥有更加广阔的发展空间。勇于追求,是一种精神;勇于舍弃,是一种境界。世上因有了勇敢的追求而多姿,世间因有了明智的舍弃而精彩。

## 当你接纳世界，世界就在你手中

生活中我们总是渴望着取，渴望着占有，常常忽略了舍，忽略了占有的反面——放弃。懂得了放弃的真意，也就理解了“失之东隅，收之桑榆”的妙谛。

我们之所以举步维艰，是因为背负太重，之所以背负太重，是因为还不会放弃。功名利禄常常微笑着置人于死地。生活也一样，每天总有干不完的事。但是，你有没有仔细想过，如果天天为工作疲于奔命，最终这些让我们焦头烂额的事情也会超出我们所能承受的极限。尤其是在当今社会，生活节奏不断加快，“时间”似乎对每个人都不再留情面。于是，超负荷的工作给人造成不可避免的疾患。因为人们的生活起居没了规律，所以人群中患职业病、情绪不稳定、心理失衡甚至猝死等一系列情况时有发生，给人们的生活、工作及心理上造成了无形的压力。

这时，我们需要换一种心情，放下工作，试着做一些运动，以偷得片刻休闲，消去心中的烦闷。有一位网球运动员，每次比赛前都要一个人去打篮球。有人问他：“为什么你不练网球?”他说：“打篮球我没有丝毫压力，觉得十分愉快。”对于他来说，换一种心态，换一种运动方式，就是最好的休闲。

清人朱焘在《北窗呓语》中写道：“人有妄想，则睡卧不宁；人有奇想，则起坐不定；人有贪想，则闻见皆非；人有疑想，则疑虑必大。”这里所说的妄想、奇想、贪想、疑想，归纳起来皆是“杂念”，皆是脱离现实的非分之想，皆是直接危害心理健康的多余，应该舍弃。如果过分期盼子孙成龙成凤，如果过分期盼自己能青春永驻，如果在生活上与款爷、富翁的奢靡攀比，凡此种种，越攀越比越痛苦，当然就会影响健康。

丹麦哲学家齐克果有句名言,叫作“无限的舍弃”,生活是一种舍弃的艺术,有舍弃才有获得。善于舍弃生命中的“杂念”和多余,换来的会是心智的清醒、心灵的净化和健康的体魄。

生活中我们时刻都在取与舍中选择,我们又总是渴望着取,渴望着占有,常常忽略了舍,忽略了占有的反面——放弃。懂得了放弃的真意,也就理解了“失之东隅,收之桑榆”的妙谛。懂得了放弃的真意,静观万物,体会与世界一样博大的境界,我们自然会懂得适时地有所放弃,这正是我们获得内心平衡的好方法。

然而,放弃并非易事,它需要很大的勇气。放弃意味着失去,放弃意味着付出,放弃体现着放弃者的精神境界。记得有位诗人曾说过:“要想采一束清新的鲜花,就得放弃城市的舒适;要想做一名登山健儿,就得放弃白嫩的肤色;要想穿越沙漠,就得放弃咖啡和可乐;要想拥有永远的掌声,就得放弃眼前的虚荣。”当鱼翅和熊掌不可兼得时,就得把放弃摆到桌面上斟酌一番。面对诸多不可为之事,勇于放弃,方是明智的选择。只有毫不犹豫地放弃,才能重新轻松投入新生活,才会有新的发现和转机。

美国的石油大亨默尔因患心力衰竭症住进汤普森急救中心,病愈出院后,他卖掉了自己几十亿美元资产的公司,并将所得全部捐给了慈善和卫生事业,自己则移居到乡下颐养天年。

1998 年,已 80 岁高龄的默尔在参加汤普森急救中心的百年庆典时,有记者问他当初为什么要卖掉自己的公司,默尔指着刻在医院大厅里美国好莱坞影星利奥·罗斯顿的一句遗言说:“是利奥·罗斯顿提醒了我。”利奥·罗斯顿的那句遗言是:“你身体很庞大,但你的生命需要的仅仅是一颗心。”后来,默尔在自己的传记里这样写道:“巨富和肥胖没有什么两样,都是获得了超过自己需要的东西罢了。”

是的，多余的脂肪会压迫人的心脏，多余的金钱会拖累人的心灵，多余的念想、多余的追逐会增加生命的负担。因此，若想要活得充实、潇洒、轻松、快乐、健康，就要善于舍弃生命中的多余。

生活有时会逼迫你不得不交出权力，不得不放走机遇，甚至不得不抛下爱情。所以，我们应该学会放弃，放弃会使我们显得豁达豪爽，放弃会使我们冷静主动，放弃会让我们变得更智慧和更有力量。也许放弃当时是痛苦的，甚至是无奈的选择。但是，若干年后，当我们回首那段往事时，我们会为当时正确的选择感到自豪，感到无愧于人生。

生活中缺少不了放弃。大千世界，取舍是相互伴随的，有所弃才有所取。人的一生是放弃和争取的矛盾统一体，潇洒地放弃不必要的名利，执着地追求自己的人生目标。放弃，是对人生的透彻洞悉和睿智决断，是气质非凡的手笔。放弃，对每个人来说，都是痛苦的过程。但是，若不会放弃，想拥有一切，最终你将一无所有。《卧虎藏龙》里有一句很经典的话：“当你紧握双手，里面什么也没有；当你打开双手，世界就在你手中。”

## 能否把握得失,与成败息息相关

在人生的道路上,很多时候得亦是失,失亦是得,得中有失,失中有得。在得与失之间,应该主动放弃那些可有可无的外物,求得生命中最有价值、最纯粹的东西。

有一首老歌,歌词最后几句是这样的:“原来人生必须要学会放弃,答案不可预期;原来结果最后才能看得清,来来回回何必在意。”是啊! 人生在世,何惧放弃? 人,正因为不懂得舍弃,才会有许多痛苦。当自己有了舍弃的智慧时,就会豁然开朗,生命会马上向你展现出另外一番截然不同的景致。

面对纷繁复杂的世界,懂得放弃的人,会用乐观、豁达的心态去对待没有得到的东西,他们每天都会有快乐和愉悦的心情;而不懂得放弃的人,只会焦头烂额地乱冲,他们不但最终达不到目标,而且每天都陷于得失的苦恼之中。

有一个聪明的年轻人,很想在一切方面都比他身边的人强,他尤其想成为一名大学问家。可是,许多年过去了,他的学业始终没有长进。他很苦恼,就去向一个大师求教。大师说:“我们登山吧,到山顶你就知道该如何做了。”

那山上有许多晶莹的小石头,煞是迷人。每次见到他喜欢的石头,大师就让他装进袋子里背着。很快,他就吃不消了。“大师,再背,别说到山顶了,恐怕连动也不能动了。”他疑惑地望着大师。“是呀,那该怎么办呢?”大师微微一笑,“该放下了,不放下,背着石头怎能登山呢?”

年轻人一愣,忽觉心中一亮,向大师道过谢走了。之后,他一心做学问,最终成了一名大学问家。其实,人要有所得,必要有所失,只有学会放弃,才有可能登上人生的极致高峰。

何谓得？得就是拥有；何谓失？失就是失去。拥有时，并不代表如意；失去后，也并不表示结束。有得必有失，有失必有得，人生就是这样一个得与失的过程。每个人都要经历这样的一个过程，得到与失去、成功与失败总是交错地出现在我们人生的每一个阶段。得到的时候，不矫饰；失去的时候，不言败。不仅要经得起成功的洗礼，更要受得住失败的考验。在得失成败之间，要有着拿得起、放得下的精神。

从某种意义上说，得与失是同一事物的两个方面。你得到了太阳，就失去了月亮；得到了白天，就失去了黑夜；得到了春天，就失去了冬天；得到了成熟，就失去了天真；得到了繁华，就失去了宁静。“上帝”是公平的，他赐予你一样东西，肯定会从你身边拿走另外一样，我们只有真正领会到得与失的真谛，才可以生活得更加快乐、更加幸福。

在人生的道路上，很多时候得亦是失，失亦是得，得中有失，失中有得。在得与失之间，我们无须不停地徘徊，更不必苦苦地挣扎，我们应该用一颗平常心来看待生活中的得与失。我们要清楚对自己来说什么才是最重要的，然后主动放弃那些可有可无、不触及生命意义的东西，求得生命中最有价值、最纯粹的东西。

春秋时候，楚国有个擅长射箭的人叫养叔。他能在百步之外射中杨树枝上的叶子，并且百发百中。楚王羡慕养叔的射箭本领，就请养叔来教他射箭。养叔便把射箭的技巧倾囊相授。

楚王兴致勃勃地练习了好一阵子，渐渐能得心应手，就邀请养叔跟他一起到野外去打猎。打猎开始了，楚王叫人把躲在芦苇丛里的野鸭子赶出来。野鸭子被惊扰得振翅飞出。楚王弯弓搭箭，正要射猎时，忽然从他的左边跳出一只山羊。

楚王心想，一箭射死山羊，可比射中一只野鸭子划算多了！于是楚王又把箭头对准了山羊,准备射它。可是正在此时,右边突然又跳出一只梅花鹿。楚王又想,若是射中罕见的梅花鹿,价值比山羊又不知高出了多少,于是楚王又把箭头对准了梅花鹿。忽然,大家一阵子惊呼,原来从树梢飞出了一只珍贵的苍鹰,振翅往空中窜去。楚王又觉得还是射苍鹰好。

可是当他正要瞄准苍鹰时,苍鹰已迅速地飞走了。楚王只好回头来射梅花鹿,可是梅花鹿也逃走了。他再回头去找山羊,可是山羊也早溜了,连那一群鸭子都飞得无影无踪了。楚王拿着弓箭比划了半天,结果什么也没有射着。

人们的获得总是在得与失、成与败之间的选择,选择的特点是得到总是伴随着失去,人不可能同时到两个地方去,获得不会是天上掉馅饼,总是要付出失去的成本。人们烦恼的根源就在于不愿意为自己的获得付出失去的成本,自己已经是“绿也成荫子满枝”了,还想凭着一张“旧日船票”登上别人的“客船”,这怎么能行?老是以自己没有的去与人家拥有的比,烦恼当然会时刻伴随着你的左右。

那么,究竟得与失的标准又是什么呢?其实,没有绝对的标准,可谓仁者见仁,智者见智。得与失的标准有时候是不能量化的。比如说,你捡了一粒芝麻的快感大于捡到一个西瓜,那么孰得孰失,就该另当别论了。得与失不是简单的加减乘除,有它主观的标准,所谓“得失寸心知”,大概就是这个意思。

所以,人生在世,重要的不是得与失,而是曾经为得到而努力奋斗的过程中的充实和快乐。无论是得到还是失去,只要让自己更快乐,让自己的人生富有意义,那就是最宝贵的得到。“人遗弓,人得之”,应该是对得失最豁达的看法了。放下了,才可以重新拿起,要相信,一扇门对你关闭的同时,必定有另一扇门向你敞开。

# 权衡利弊，舍小失为大谋

有时为了顾全大局，保护更大的利益，需要学会暂时舍弃相对小的利益。放弃是为了大踏步地前进，放弃是真正的勇气，也是真正的智慧。

人的一生会遇到很多十字路口，当你茫然四顾、不知向何处走的时候，一定要理智。在生活让我们必须付出惨痛的代价以前，主动放弃眼前利益而保全长远利益是最明智的选择。正所谓“两弊相衡取其轻，两利相权取其重”。

一个人在危急时刻，往往手忙脚乱，失去分寸，最容易只见树木而不见森林。很多时候，舍不得局部的或眼前的一些小利益，很可能就会使自己损失整体利益。有一些事情，表面上看来是获得、是胜利，从整体、长远看来却是损失，聪明的人不会被此迷惑。

一个青年非常羡慕一位富翁取得的成就，于是跑到富翁那里询问他成功的诀窍。富翁弄清楚了青年的来意后，什么也没有说，而是转身从厨房拿来了一个大西瓜。只见富翁把西瓜切成了大小不等的三块，之后把西瓜放在青年的面前：“如果每块西瓜代表一定的利益，你会如何选择呢？”

“当然选择最大的那块！”青年毫不犹豫地回答。富翁笑了笑说：“那好，请用吧！”于是富翁把最大的那块西瓜递给了青年，自己却吃起了最小的那块。当青年还在津津有味地享用最大的那一块的时候，富翁已经吃完了最小的那一块。接着，富翁很得意拿起了剩下的一块，还故意在青年眼前晃了晃，然后又大口吃了起来。

其实，那块最小的和最后那一块加起来要比最大的那一块分量大得多。青年马上就明白了富翁的意思:虽然富翁开始吃的那块西瓜没有自己吃的那块大,但最后他比自己吃得多。如果每块代表一定程度的利益,那么富翁赢得的利益自然要比自己的多。

吃完西瓜,富翁讲述了自己的成功经历,最后对青年语重心长地说:“要想成功就要学会放弃,只有放弃眼前的小利益,才能获得长远的大利益,这就是我的成功之道。”

做事情不能被眼前的利益所左右,不能为虚假的东西所迷惑,不能为表面的得到而沾沾自喜,不能为保全了一点小利益而暗自庆幸,而要正确地看待个人的得失。得,应得到真的东西,失去固然可惜,但也要看是否失有所值,如果暂时的失去能够换来长久的、整体的大胜利,那么这样的失又有什么值得惋惜的呢?

世间最强的人是什么样的人呢?也许你会认为是有钱人、有财产的人、有地位的人,抑或是有名望的人,其实不然。世上最强的人可说是身无长物之人,也就是最肯“舍弃”的人——不留恋金钱、财产、地位、名誉、权力,甚至连命都不留恋的人,这才可怕。

第二次世界大战后,以美、英、法为首的战胜国决定在美国纽约成立一个协调处理世界事务的联合国。一切准备就绪之后,大家蓦然发现,这个最有权威的世界性组织竟找不到自己的立足之地!

听到这一消息后,美国著名的家族财团洛克菲勒家族经商议,马上出资870万美元,在纽约买下了一块地皮,将这块地皮无条件地赠送给了这个刚刚挂牌的国际性组织——联合国。同时,洛克菲勒家族亦将毗连这块地皮的大面积地皮全部买下。

对洛克菲勒家族的这一出人意料之举,许多美国大财团都吃惊不已——870万美元,对于战后经济萎靡的美国乃至全世界来说都是一笔不小的数目呀,而洛克菲勒家族却将它拱手相赠,并且什么条件也没有。这条消息传出后,美国许多财团主和地产商都纷纷嘲笑说:“这简直是蠢人之举。”并纷纷断言:“这样经营不要10年,著名的洛克菲勒家族财团便会沦落为著名的洛克菲勒家族贫民集团。”

但出人意料的是,联合国大楼刚刚完工,毗邻它四周的地价便立刻飙升起来,相当于捐赠款数十倍、近百倍的巨额财富源源不断地涌进了洛克菲勒家族。这种结局令那些曾经讥讽和嘲笑过洛克菲勒家族的商人们目瞪口呆。

其实在许多时候,赠予也是一种经营之道。有舍有得,只有舍去,才能得到。就像对待生活,过去的,我们总是无限回忆、无限追思,却不知前面的风景更加美好。向前看,才会有所发展,有所进步。人生获取不易,而割舍也很难。常言道“忍痛割爱”,道出了一个“舍”字的难度和境界。

无数事实表明,一个人只有深谋远虑、从整体上分析和进行判断,顾全大局,舍小取大,才能作出正确的选择和决策。如果目光短浅,为小利所蒙蔽,就容易招致灾祸。有时,为了顾全大局,保护更大的利益,需要学会暂时舍弃相对较小的利益。人生总是有得有失,有时放弃是为了大踏步地前进,放弃是真正的勇气,也是真正的智慧。

## 告别虚荣，方能安宁

欲望是一头难以驾驭的猛兽，它常常使我们对人生的舍与得难以把握，于是便产生了太多的悲剧。要想使生命之舟不至于中途搁浅，就必须轻载。

现今的社会是一个科技发达、物资丰富、竞争激烈的社会，我们心中的欲望，常被挑逗得像是看见红色斗篷的斗牛；他人暴富的经历，更让我们血脉偾张，跃跃欲试；时尚名牌漫天飞，美女香车招摇过，心早已蠢蠢欲动；更不能忍受的是别墅洋房的诱惑……太多的时候，我们会被世上的名利、金钱、物质所迷惑，心中只想得到，只想将喜欢的统统收归己有，而不想舍弃。于是心中充满了矛盾、忧愁、不安，心灵上承受着很大的压力，以至于活得很累。

在高速度、快节奏、多关联的现代社会中，人们失去了往日的悠闲，精神上高度紧张。万千讯息奔来眼底，瞬息万变的事物需要及时处理。快节奏生活可能训练出快速机敏、准确反应的应变力，却往往令人失去哲人式的恬静深思的大脑。而在嘈杂忙乱中生活的现代人大多是“失静”之人。你必须属于快速的“流”，人生如萍，宛若不系之舟，在激流簇拥下，最难自持。崇尚简单生活的梭罗是持有自家生命宝券的真正富有者，能够自由地支配自己的生命。

《湖滨散记》的作者梭罗，为了写一本书，去森林中度过了两年的隐士生活。自己种豆和玉黍为食，摆脱了一切剥夺他时间的琐事俗务，专心致志，去体验林间湖上的景色和他心灵所产生的共鸣。他从中发现许多道理，而完成了这本名著。

他认为：“一个人越是有许多事能够放得下，他越是富有。”“我最大的本领是需要极少。”“我爱给我的生命留有更多的余地。”生命在他手中支配得游刃有余。与此相反，一些拥有大量金钱的富翁，却被自己的黄金“焊”在某个高位上动弹不得。梭罗不无怜悯地说：“我心目中还有一种人，这种人看来阔绰，实际上却是所有阶层中贫穷得最可怕的。他们固然已积蓄了一些闲钱，却不懂得如何利用它，也不懂得如何摆脱它，因此他们给自己铸造了一副金银的镣铐。”位高自囚，富极如贫，事物常常是这样两极相通。

著名书法家启功先生在那段令人叫绝的《自撰墓志铭》中写道：“中学生，副教授。博不精，专不透。名虽扬，实不够。高不成，低不就。瘫趋左，派曾右。面微圆，皮欠厚。妻已亡，并无后。丧犹新，病照旧。六十六，非不寿。八宝山，渐相凑。计平生，谥曰陋。身与名，一齐臭。”寥寥 72 个字，对自己的身世、成就、家庭状况及音容笑貌，都作了自我评价，一代宗师，视名之淡，视利之轻，忘怀得失，自寻其乐之情，跃然纸上。

繁忙紧张的生活容易使人心境失衡，如果患得患失，不能以宁静的心灵面对无穷无尽的诱惑，就会感到心力交瘁或迷惘躁动。唯有宁静的心灵，才不眼热权势显赫，不嫉妒金银成堆，不乞求声势鹊起，不羡慕美宅华第。因为所有的眼热、嫉妒、乞求和羡慕都是一厢情愿，只能加重生命的负荷。

人生之旅犹如漫漫长路，曲曲折折，幸运和挫折似一对孪生姐妹，时常会在不经意间叩响门铃，闯入门来。只要我们在幸运面前常怀忧患意识，在失意之中寻找解脱之法，得之淡然，失之坦然，就不会欣喜若狂或失意徘徊。执着追求固然值得称颂，但有时放弃未必不是一道亮丽的风景。播下一粒成功的种子，放飞一片绿色的希望，坦然面对生活，即使荆棘满地，只要心态平和、泰然处之，天边深处总能采撷到一朵亮丽的彩云。

# 第八章 修剪内心欲望：将欲取之，必先予之

要想活得幸福快乐，你必须学习“施与受”的艺术，因为这正是维持文明生活所必需的血液。一颗善良的心，一种爱人的性情，可以说是我们最大的财富。从给予别人的过程中，自己得到的将是比原来付出的更多的东西。除了更多物质上的回报之外，还有很多无形的东西，别人的好感、信任和合作，这些都将帮助你获得更多的财富，取得更大的成功。一个人只要肯为别人奉献自我，他就会生活在快乐之中，就会拥有心灵和财富的富足。

## 给人希望,点亮他人心里的灯

一颗善良的心,一种爱人的性情,可以说是我们最大的财富。获得快乐的方法是:竭尽全力使别人快乐。如果你努力把快乐送给别人,快乐自然也会来到你的身边。

有人说,生活是一面镜子,你对着它笑,它也对着你笑;你对着它哭,它也对着你哭。

仔细想来,难道不是这样的吗?面对上天给予的种种恩赐与考验、怜爱与不公,我们或许无法改变生活的事实,却可以以另一种心态来面对。

在漫漫的人生路上,你如果觉得自己孤寂,或者觉得道路艰险,那你就该每天都想一想:怎样才能使别人快乐?这样你定会逢凶化吉、因祸得福,快乐也会飞到你的身边,使你远离痛苦与烦恼。因为你在送别人一束玫瑰的时候,自己手中也留下了持久的芳香。

纪伯伦年轻的时候,曾经拜访过一位圣人。这位圣人住在山那边一个幽静的林子里。正当纪伯伦和圣人谈论着什么是美德的时候,一个土匪瘸着腿吃力地爬上山岭。他走进树林,跪在圣人面前说:“啊,圣人,请你解脱我的罪过。我罪孽深重。”

圣人答道:“我的罪孽也同样深重。”

土匪说:“但我是盗贼。”

圣人说:“我也是盗贼。”

土匪又说:“但我还是个杀人犯,多少人的鲜血还在我耳中翻腾。”

圣人回答:“我也是杀人犯,多少人的热血也在我耳中呼唤。”

土匪说:“我犯下了无数的罪行。”

圣人回答:“我犯下的罪行也无法计算。”

土匪站了起来,他两眼盯着圣人,露出一种奇怪的神色,然后就离开了,连蹦带跳地跑下山去。

纪伯伦转身去问圣人:“你为何给自己加上莫须有的罪行?你没有看见此人走时已对你失去信任?”圣人说道:“是的,他已不再信任我,但他走时毕竟如释重负。”正在这时,他们听见土匪在远处引吭高歌,回声使山谷充满了欢乐。

希望是生命中最好的养料,哪怕这只是一勺清水,它也能使生命之树茁壮成长。著名的美国聋盲女作家海伦·凯勒说得好:“我发现生活很令人兴奋,特别当你是为他人而生活的时候。”获得快乐的最可靠的方法是:竭尽全力使别人快乐。如果你努力把快乐送给别人,它就会来到你的身边。

一颗善良的心,一种爱人的性情,可以说是我们最大的财富。虽然我们给予他人以爱、同情和鼓励,我们本身却并未因为给予而有所减少,反而会由于给予而获得更多。我们付出的爱、同情、善意越多,我们所能收回的爱、同情和善意也就越多。

人生在世,不会一帆风顺,总会有许许多多的艰难与困苦。当你遇到断崖险阻时,你一定特别感激帮助你架桥搭梯的人;而在别人危难的时候,如果你能雪中送炭,真心地帮助他人,那对方一定会把你当作真正的朋友。华人首富李嘉诚说过这样一句话:“我从不喜欢锦上添花,我只会雪中送炭,做一个雪中送炭的人,交所有雪中送炭的朋友。”他不仅这样说,在实际生活中他也是这样做的。

20 世纪 70 年代初,石油危机波及香港。香港的塑胶原料全部依赖进口,香港的进口商趁机垄断价格,将价格炒到厂家难以接受的高位。不少厂家因此被迫停产,濒临倒闭。在这个关涉许多企业命运的时刻,李嘉诚毫不犹豫地站到了风口浪尖上。在他的倡议和牵头下,数百家塑胶厂家入股组建了联合塑胶原料公司。原先单个塑胶厂家无法直接由国外进口塑胶原料,是因为购货量太小,现在由联合塑胶原料公司出面,需求量比进口商还大,因此直接交易。所购进的原料,按实价分配给股东厂家。在厂家的联盟面前,进口商的垄断不攻自破。笼罩全港塑胶业两年之久的原料危机一下子结束了。

李嘉诚在这次行动中,还将长江公司的13万磅原料以低于市场一半的价格救援停工待料的会员厂家。直接购入国外出口商的原料后,他又把长江本身的20万磅配额以原价转让给需求量较大的厂家。危难之际得到李嘉诚帮助的厂家达几百家之多。李嘉诚因此被尊称为香港塑胶业的"救世主",同时也使得他在香港商界内拥有通达的人脉。

乐于助人是一种良好的品格。帮助别人的同时,其实也帮助了自己。虽然本人并没有这种主观上的愿望,但是客观上往往有这种效果。所以,人们往往会说:善有善报。

在很多时候,给予也要懂得变通,在对方境况良好的时候,帮人一点小忙,根本就显示不出你的帮助有多重要;但是在对方危难时帮助他,他就会万分地感激你,从而与你建立深厚的友谊关系。我们经常听到有人讲:"在困难中得到了你的帮助,我将永远不会忘记。"古人说:"一饭之恩必报。"为什么要报?因为,如果没有这餐饭,饥饿者可能就没命了,一饭之恩就是活命之恩。《水浒传》中的宋江为什么得人缘,为什么那么多英雄好汉都尊敬他?就是因为他善于在别人困难的时候及时帮助他们,以至人们称他为"及时雨宋江"。

人们都说"患难见真情"。在一个人处于困境时,别人为他所做的一点一滴都显得格外珍贵。危难时期的滴水之恩远胜过腾达时期的千金之赠,因为身处逆境时是人的心最脆弱的时候,也是人最需要关怀的时候。这时候,哪怕只是简单的一句安慰、轻轻地握一下手,也能让人感激涕零,永生难忘。

## 相互关照，拉近两颗心之间的距离

有舍才有得，在给予别人的过程中，自己得到的除了更多物质上的回报之外，还有很多无形的东西，这些都将帮助你获得更多的财富，取得更大的成功。

要想活得幸福快乐，你必须学习“施与受”的艺术，因为这正是维持文明生活所必需的血液。一个人若只知接受他人的恩惠与施舍，必然永远不会快乐。一个男人的一生若像一条鲨鱼那样紧紧抓住金钱不放，或是一个女人像只被宠坏的小狗那样只知道接受其他人所赠送的礼物，那他们都不会感到幸福快乐的。一个人必须知道施舍的喜悦——那种因为使别人快乐而令你自己浑身舒服透顶的欣喜感觉，才能领悟到满足的真正意义。

有舍才有得，要想得到更多，就要舍得放弃。在给予别人的过程中，自己得到的将是比原来付出更多的东西。除了更多物质上的回报之外，还有很多无形的东西，别人的好感、信任和合作，这些都将帮助你获得更多的财富，取得更大的成功。

美国黑人杰西克·库思早先是一家名不见经传的小报的记者。那时，美国的石油大王哈默已蜚声世界，有一天深夜，杰西克终于在一家大酒店门口拦住了哈默，问了他一个最敏感的话题：“为什么前一阵子阁下对东欧国家的石油输出量减少了，而你最大的对手的石油输出量却略有增加？这似乎与阁下现在的石油大王身份不符。”

哈默不温不火地回答道：“关照别人，就是关照自己。关照别人需要的只是一点点的理解与大度，却能赢得意想不到的收获。关照，是一种最有力量的方式,也是一条最好的路。"

哈默离去后,杰西克怅然若失地呆站街头。他以为哈默只是故弄玄虚,敷衍自己。当然,那次采访也没有收到预想的效果,他一直耿耿于怀,对哈默那番不着边际的话更是迷惑不解。

直到10年后,他在有关哈默的报道中读到这样一段故事:在哈默成为石油大王之前,他曾一度是个不幸的逃难者。有一年冬天,年轻的哈默随一群同伴流亡到美国南加州的一个小镇上。那天,冬雨霏霏,镇长门前花圃旁的小路成了一片泥淖。于是行人就从花圃里穿过,弄得花圃里一片狼藉。哈默很替镇长痛惜,便不顾寒雨染身,一个人站在雨中看护花圃,让行人从泥淖中穿行。这时,出去了半天的镇长笑意盈盈地挑着一担炉渣铺在了泥淖里。结果,再也没人从花圃里穿过了。最后,镇长意味深长地对哈默说:"你看,关照别人就是关照自己,有什么不好?"

理解和大度最容易缩短两颗敌视的心之间的距离,而关照就是两颗心之间最近的桥梁。

每个人的心都是一个花圃,每个人的人生之旅就好比花圃前的小路。生活的天空不仅有风和日丽,也有风霜雪雨。那些在雨路中前行的人们如果能有一条可以顺利通过的路,谁还愿意去践踏美丽的花圃,伤害善良的心灵呢?

美国著名的成功学大师拿破仑·希尔指出:"为你自己找到幸福最有保障的方法,就是奉献你的精力,努力使其他人获得快乐。幸福是捉摸不定、透明的事物。如果你决心去追寻幸福,你将会发现它很难以捉摸;如果你把幸福带给其他人,那么幸福自然就会来到。"这是基本真理。如果不懂得付出和奉献,就不能体会到人生中真正的快乐,因为物质成就无法给予我们人性慈善中所经历到的那种喜悦。

李嘉诚小的时候家境贫寒,其父就是因为劳累过度不幸染上疾病而去世的。身为长子的李嘉诚更是了解了穷人的困难和酸甜苦辣，担起了家庭的重担。为了安葬父亲，他只好去找两个客家人买墓地。按照当时的规矩，是要先付钱再看地的，李嘉诚将钱交给两个客家人后，跟着他们去看地。但是，这两个人看到李嘉诚是个孩子，就起了歹意，盘算着如何欺骗他。他们将一块埋有他人尸骨的墓地卖给了李嘉诚，并商量着如何把原来的尸骨弄走。但是，李嘉诚听得懂客家话。

李嘉诚听到了他们的话，感到十分震惊。他想："同样是穷人，他们想挣钱，居然连死人都不放过。"他想到父亲一生光明磊落，如果埋在这里会死不瞑目的。于是，他告诉那两个客家人："你们不要再移动别人的尸骨了，我另找一块地好了。"李嘉诚经过这件事情，尝到了穷人的心酸。于是，他发誓：不管将来创业的道路多么艰险，一定要做到在生意场上不欺骗别人，在生活中要乐于助人。

李嘉诚从一个穷孩子开始，一步步成为富甲一方的成功商人。起初，他的资本并不多，但是他的优良品格使得他在商场上如鱼得水。

一个人只顾眼前的利益，得到只能是短暂的欢愉；一个目标高远的人，懂得拥有与付出的关系，并以此获得永远的幸福。当你协助其他人时，你就是在协助你自己。你将会觉得与他人间有一种亲密的感觉，你会觉得自己是个对世界和社会很有贡献的有用之人。

## 敬人之人,人敬恒之

人活在世上要学会分享与给予,养成互爱互助的行为习惯。如果你想获得成功,就应该想方设法地获得周围人的支持和帮助。而只有你真诚地对待别人,对方才会真诚地与你合作。

人与人之间的关系非常重要,它甚至决定着我们的事业乃至人生的成败。一定要处理好人际关系,学会重视每一个人,并善待他们。在一个人最艰难的时候,任何人都有可能成为他的救星。因此,要学会理解别人,了解他人的心理感受,这样才能"得道多助。"

在追求成功的过程中,任何人都离不开与他人的合作。尤其是在现代社会,如果你想获得成功,就应该想方设法地获得周围人的支持和帮助。而只有你真诚地对待别人,对方才会真诚地与你合作。真诚是一种习惯,善待他人也是一种习惯。请记住这句话:善待他人也就是善待自己!

美国前国务卿奥尔布赖特曾是BON电影公司的公关部经理,她面临着巨大的职业挑战,同时又必须面对许多现实的问题,像正确处理人际关系、保持家庭生活的和谐等,但她巧妙地处理好了这些烦琐的事情。

她的下属总会在某一个繁忙的下午突然收到一张上面写着诸如"你辛苦啦""你干得非常出色"之类暖人心房的小卡片,或一张虽无文字但精致典雅的卡片。而在她丈夫生日的那一天,她总会举办一个家庭小舞会,而且是一个人事先布置好。就这样,在繁忙工作的间隙,她并没有花太多的时间,却给他人送去了一份又一份的快乐。

她对这一做法解释说："短短的一句问候就能体现出一个人的真挚和诚意，使他人感到温暖。人与人之间渴望沟通和交流，而这些细微之处是最能体现出你的那一份心意的。赠送卡片是展现我个人形象、风度的一个最佳方式，当他们看到那张卡片时，就一定会想起我，而且在他们心中隐含的对我的那份谢意，会使他们更加认为我是一个完美无缺的人，他们总会想到我好的地方，不会注意我的缺陷。"

由此可以看出，重视他人，并赢得他们的心，才能够为自己的事业打造出坚实、协调的人际关系基础，否则，他们很可能成为我们事业上的绊脚石，影响我们前进的步伐。

俗话说："在家靠父母，出门靠朋友。"多一个朋友，就多一条路。要想人爱己，己须先爱人。就如同一个人为防不测而养成"储蓄"的习惯一样，只有时刻不忘人情投资，才能为自己多储存些人情的债权。人与人之间的感情，只有经过长期的培养，才能达到信赖的程度，才能够在关键的时候起到帮助自己的作用。

拥抱善良，我们就会拥有一种美好的感觉，就会拥有一种亮丽的情怀，平凡的生命便会显得生动起来，普通的世界便会渲染出迷人的色彩。相反，如果你胸中没有善良的情愫，也就失去了一颗平和的心，便不会用一种平和的心态对待你所际遇的人和事。

有一次，松下幸之助在一家餐厅招待客人，一行六个人都点了牛排，六个人都吃完主餐后，松下让助理去请烹调牛排的主厨过来，他还特别强调："不要找经理，找主厨。"助理注意到，松下的牛排只吃了一半，心想一会儿的场面可能会很尴尬。主厨来时很紧张，因为他知道找自己过来的客人来头很大。

"是不是有什么问题？"主厨紧张地问。"烹调牛排，对你已不成问题，"松下说，"但是我只能吃一半。原因不在于厨艺，牛排真的很好吃，但我已 80 岁了,胃口大不如前。"主厨与其他的五位用餐者困惑得面面相觑,大家过了好一会儿才明白怎么一回事。"我想当面和你谈,是因为我担心,你看到吃了一半的牛排被倒掉,心里会难过。"

如果你是那位主厨,听到松下先生的如此说明,会有什么感受? 是不是觉得备受尊重? 客人在旁边听见松下如此说,十分佩服松下的人格,并更愿意与他做生意了。由此可见,你怎样对待别人,别人就会怎样对待你;你要使自己得到重视,你就得以同样的态度对待别人。

人活在世上要学会分享与给予,养成互爱互助的行为习惯。使别人快乐,同时你也会得到快乐;相反,带给你的则是误解和愤怒。"如果你握紧一双拳头来见我,"威尔逊总统说,"我想,我可以保证,我的拳头会握得比你的更紧。但是如果你来找我说:'我们坐下,好好商量,看看彼此意见相异的原因是什么。'我们就会发现,彼此的距离并不是那么大,相异的观点并不多,且看法一致的观点反而居多。你也会发觉,只要我们有彼此沟通的耐心、诚意和愿望,我们就能沟通。"

一个人在事业上能否成功,并不完全取决于自己,或者自己所在的团体,在很大程度上,还会受到自己每天所接触的人和身边的小人物的影响。所以,我们要学会重视每一个人,包括身边的小人物。

## 宽容别人，就是饶恕了自己

不原谅别人，其实真正倒霉的人是我们自己，也许没多久就会积出病来。宽容是做人的一种风度和境界。我们只有学会了宽恕，才能够轻松地生活。

一个心胸窄小、不能宽大为怀的人，必然会因孤独而陷于忧郁和痛苦之中；而宽宏大量、与人为善的人，则讨人喜欢、受人尊重，因而能体验更多的成功喜悦。有人给宽恕打了一个十分美丽的比喻，“一只脚踩扁了紫罗兰，它却将香味留在那脚跟上，这就是宽恕”。许多人都一直以为：“只要我不原谅你，你就没有好日子过。”而实际上，不原谅别人，表面上是那人不好，其实真正倒霉的人是我们自己，一肚子窝囊气不说，甚至连觉都睡不好，没多久就会积出病来。

天空收容每一片云彩，不论其美丑，故天空广阔无比。宽容是做人的一种风度和境界。

我们只有学会了宽恕，才能够成功地生活。最重要的是，你对自己也一定要退一步、设身处地地想，不要因为一个错误而苛责自己，也不要因为一个错误而苛责朋友。

包布·胡佛是一位著名的试飞员，一天，他在空中飞到300米的高度时，两具引擎突然熄火。由于他熟练的技术，他得以操纵着飞机着陆，但是飞机严重损坏，所幸的是没有人受伤。

在迫降之后，胡佛的第一个行动是检查飞机的燃料。正如他所预料的，他所驾驶的飞机，装的居然是喷气机燃料，而不是汽油。

回到机场以后，他要求见见为他保养飞机的机械师，那位年轻的机械师为自己所犯的错误而极为难过。当胡佛走向他的时候,他正泪流满面。他造成了一架非常昂贵的飞机的损失,差一点还使得三个人失去生命。

你可以想象胡佛必然大为震怒,并且预料这位极有荣誉心、事事要求精确的飞行员必然会痛责机械师的疏忽。但是,胡佛并没有责骂那位机械师,甚至没有批评他。相反的,他用手臂抱住那个机械师的肩膀,对他说:“为了显示我相信你不会再犯错误,我要你明天再为我保养飞机。”

在日常生活中,别人无意或有意做了伤害你的事,你是宽容他,还是待机报复?有句话叫“以牙还牙”,报复似乎更符合人的本能心理。但这样做了,怨会越结越深,仇会越积越多,真是“冤冤相报何时了”。如果你在切肤之痛后,采取别人难以想象的态度,宽容对方,表现出别人难以达到的襟怀,你的宽宏大量、光明磊落将使你的精神达到一个新的境界,你的人格将折射出高尚的光彩。一个成熟的、有智慧的人应该知道什么东西对自己有意义、有价值,报仇虽可解“心头之恨”,但“心头之恨”消了,也有可能失去自我。

在竞争的时代,我们无法拒绝被伤害。有时,甚至眼睁睁看着智慧被夺走,成就被贬低,爱情被摧残……我们屡屡遭遇锱铢必较的烦恼,争奇斗巧的排斥以及阴险的谋算,努力与真诚换回的可能仅是一地破碎。人活在世上,不可能不在乎这些。于是,对于伤害过你的人,你“以彼之道、还施彼身”,甚至用几倍的伤害、伎俩重创他们。心理得以平衡之后,有一天你又被伤害,你又开始报复。周而复始,我们终日被报复充斥,成了报复的囚徒。苍白了信仰,空虚了精神,丢掉了理想。疼痛之中,我们为何不问一问自己:“我凭什么就不可以被伤害?”而后,宽容地活着。这是我们唯一能做的。遭遇排挤伤害时,我们不妨做一只大度的熊:残了,也要宽容地活下去!关掉自己的偏激点,宽容地忍受,轻蔑地置之,甚至,连目光也不瞥过去。

北美原始森林里,有一种灰熊。当它被猎人布设的力紧齿锐的夹子夹住后，它会用尖锐的牙齿啃断自己的爪骨。之后，便遁躲起来，用舌头舔自己的伤。

有一种解释：熊是在伺机报复。它在等待猎人出现，而后去攻击他，以报残爪之仇。而当地的猎人说，熊根本没有报复的念头。受伤后，熊只记着：残了，也要好好活下去！灰熊之所以残了也要好好活着，应该是源于它对猎人的宽容。这样一种视角，作家梁晓声先生的话就能定位：即使你是一头熊，也只有四只爪子。如果被夹掉一只又被夹掉一只，报复和宽容实际上对你都没有区别了。

豁达，其实也很简单，无非是遇事拿得起，放得下，想得开，不计较；遇人则能宽容，善爱人，平等相待。因而，豁达的人少有烦恼，心态健康，长寿者多。因此，如果我们力所不及，做不了伟人、巨人、出人头地的人，何不做一个豁达大度的人？

唐代的两位智者寒山与拾得的对话也许对我们能有启发。一日，寒山谓拾得："今有人侮我、笑我、藐视我、毁我、伤我、嫌我、恨我、诡谲欺我，则奈何？"拾得曰："子但忍受之，依他、让他、敬他、避他、苦苦耐他、不要理他。且过几年，你再看他。"那个不可一世之人的结局可想而知，而我们也一定可以想象得出拾得那胜利的微笑——尽管这可能是一种超脱圆滑者的微笑。不过，它的确会给我们的生活带来一些好处。

令人心碎的事、大病、孤寂和绝望，每个人都难以幸免。失去珍贵的东西之后，总有一段伤心的时期。问题是，你最后到底是变得更坚强还是更软弱？原谅别人，是对待自己最好的方式，因为，只有释放了自己，才能有健康自由的心态。

## 智者成人之美,不成人之恶

在平时的生活和工作中,成人之美其实是一种高超的交友艺术和领导艺术。当你满足了别人的愿望之后,别人就会感激你,成就别人也等于成就自己。

老子说:“夫唯不争,故天下莫能与之争。”这句话的意思是,正因为不与人相争,所以天下没人能与他相争。可惜的是,两千多年来,能参悟和运用这一心术的人真是凤毛麟角。在名利面前,人们往往争得你死我活,结果大部分人落得个遍体鳞伤、两手空空,有的甚至身败名裂、命赴黄泉。

若人们都能学会以平常心观不平常事,则事事平常。平常心不是“看破红尘”,也不是消极遁世。平常心应该是一种境界,平常心是积极人生,平常心是道。不以物喜,不以己悲;无时不乐,无时无忧。工作本极平常,敬业不衰,全力以赴,竭尽心智……

安德鲁·卡内基是美国的钢铁大王,他白手起家,既无资本,又无钢铁专业知识和技术,却成为举世闻名的钢铁巨子,这当中充满着神奇的色彩,使许多人迷惑不解。

有一位记者好不容易才令卡内基接受采访,他迫不及待地劈头问:“您的钢铁事业成就是公认的,您一定是世界上最伟大的炼钢专家吧?”

卡内基哈哈大笑地回答:“记者先生,您错了,炼钢学识比我强的,光是我们公司,就有两百多位呢!”

记者诧异道:“那为什么您是钢铁大王?您有什么特殊的本领?”卡内基说:“因为我知道如何鼓励他们,使他们能发挥所长为公司效力。”

确实,卡内基创办的钢铁公司是靠其一套有效发挥员工所长的办法取得发展的。起初,卡内基的钢铁厂因产量上不去,效益甚差。卡内基果断地以 100 万美元年薪,聘请查理 · 斯瓦伯为其钢铁厂的总裁。斯瓦伯走马上任后,激励日夜班工人进行竞赛,这座工厂的生产情况迅速得到改善,产量大大提高,卡内基也从此逐步走向钢铁大王的宝座。

可见,卡内基是十分聪明的,如果他自命是最伟大的炼钢专家,那么,至少会导致一些水平与其不相上下的专家不肯为其效力,即使是斯瓦伯这样的管理专家,也不会被看重使用,而人们也就不会如此敬重卡内基了。法国哲学家罗西法古说:“如果你要得到仇人,就表现得比你的朋友优越吧;如果你要得到朋友,就要让你的朋友表现得比你优越。”

为什么这句话是事实?因为当我们的朋友表现得比我们优越时,他们就有了一种重要人物的感觉;但是当我们表现得比他们还优越时,他们就会产生一种自卑感,乃至羡慕和嫉妒我们。

英国生物学家达尔文在 1839 年就已经形成了进化论的观点,并陆续写成了手稿,但他没有急于付印发表,而是继续验证材料,补充论据。这个过程,长达 20 年。

1858 年夏初,正当达尔文准备发表自己的研究成果时,突然收到马来群岛从事考察研究的另一位英国生物学家华莱士所写的题为《记变种无限地离开其原始模式的倾向》的论文,其内容跟达尔文正准备脱稿付印的研究成果一样。

在这个关系到谁是进化论创始人的重大问题上,达尔文准备放弃自己的研究成果,让首创权全部归于华莱士。他在给英国自然科学家赖尔博士的信中说:“我宁愿将我的全书付之一炬,而不愿华莱士或其他人认为我达尔文待人接物有世俗气。”

深知达尔文研究工作的赖尔坚决不同意达尔文这样做。在他的坚持和劝说下,达尔文才同意把自己的原稿提纲和华莱士的论文一齐送到林奈学会,同时宣读。

华莱士这才得知达尔文先于他20年就有了这项科学发现,他感慨地说:“达尔文是一个耐心的、下苦功的研究者,勤勤恳恳地收集证据,以证明他发现的真理。”他宣布:“这项发现本应该单独归功于达尔文,由于偶然的幸运我才荣膺了一席。”正是达尔文乐于成人之美的行为,才换来了华莱士对达尔文的莫大尊敬。

其实,在不违背原则的情况下,适当地退一步是完全可以的。朋友之间相识讲的就是一个缘分,应该以大局为重,不要因为对方的态度有变化或过错,自己就一定要以相同的方式回敬。始终保持对对方的友好态度,对方也能意识到你的“付出”。退一步其实很简单。你觉得你有理,别人说你一句,你回十句,只能激化矛盾,到时候即使你确实有理,也没有用了。要时刻记得这一点:当你非要和别人较真的时候,要想想自己会不会得到同样的回报。

在平时的生活和工作中,稍加留心就可以做到成人之美。成人之美其实是一种高超的交友艺术和领导艺术。当你满足了别人的愿望之后,别人就会感激你,就像受了你的恩惠一样,并产生知恩图报的想法。很多有经验的领导就是用这种方式来凝聚人心、管理员工的。当你为别人提供了方便,使别人得到满足时,反过来别人也会设法为你提供方便,乐于成人之美的人总能得到别人的帮助和配合。所以,推荐别人也等于推荐自己,称赞别人也等于称赞自己,成就别人也等于成就自己。

## 求同存异，能容人者拥有更宽阔的路

拥有一个强劲的对手，就激发起你更加旺盛的精神和斗志。所以，最好的办法不是打败对手，而是友好地站到对手的身边去，把他变成自己的朋友，实现双赢。

现实是残酷的，在人生的竞赛场上，冠军只有一个。成功者的背后，总有一些人被击垮、倒下。要想不倒下，你就得抓住、抢占每一个机遇，击垮所谓的对手。其实，一个人在平等的竞争中，才能够充分发挥自己的聪明才智，极大地发扬自己的创新精神和奋斗精神。因此，竞争可以成为催人上进、促人前进的有效动力。

精明的人绝不轻易地除去对手，而是利用对手来不断提高自己的竞争能力。在对手还未成为对手之前，快步上前，站到他的身边，把他变成自己的朋友。"把对手看成心腹大患，势不两立"这想法太绝对了。没有了对手，你还和谁去竞争？你哪还有危机感？相反，有了对手，就仿佛有了催人奋进的警钟，就好像有了策马驱驰的鞭子，可以激发你的精神和斗志，促使你永不停歇。所以，善待对手，不仅是一种胸怀，更是一种睿智。

比尔·盖茨的两则陈年旧事，非常耐人寻味。

美国的 Real Networks 公司曾经向美国联邦法院提起诉讼，指控比尔·盖茨的微软公司违反反垄断法，并要求其赔偿 10 亿美元。但在官司还没有结束的情况下，Real Networks 公司的首席执行官格拉塞却致电比尔·盖茨，希望得到微软的技术支持，以使自己的音乐文件能够在网络和便携设备上播放。所有的人都认为比尔·盖茨一定会拒绝他，但出人意料的是，比尔·盖茨对他的提议表现出出奇的欢迎,他通过微软的发言人表示,如果对方真的想要整合软件,他将很有兴趣合作。

众所周知,微软和苹果两大公司自20世纪80年代起就一直处于敌对状态,乔布斯和比尔·盖茨为争夺个人计算机这一新兴市场的控制权展开了激烈的竞争。到了90年代中期,微软公司明显占据了领先优势,占领了约90%的市场份额,而苹果公司则举步维艰。但让所有人大跌眼镜的是,1997年,微软公司向苹果公司投资1.5亿美元,把苹果公司从倒闭的边缘拉了回来。2000年,微软公司为苹果公司推出Office2001。自此,微软公司与苹果公司真正实现双赢,他们的合作伙伴关系进入了一个新时代。

常人不可理解的两件事都发生在比尔·盖茨身上,这绝对不是一个巧合。比尔·盖茨的成功,源于很多因素,包括他对商机的把握和他天才的设计能力,但其中还包括他对他的对手所采取的态度。面对对手,一定要不屈不挠,咬紧牙关,迎面而上,决不退缩——这似乎是共识。但明智的比尔·盖茨选择了另一种方式:站到对手的身边去,把对手变成自己的朋友。

许多的人都把对手视为心腹大患,认为对手是异己、是眼中钉、是肉中刺,恨不得马上除之而后快。其实只要反过来仔细一想,便会发现,拥有一个强劲的对手,反而倒是一种福分,一种造化。因为一个强劲的对手会让你时刻有种危机四伏的感觉,会激发起你更加旺盛的精神和斗志。要知道,当你决定打败对手的时候,对手也想着打败你。他既然能成为你的对手,就一定跟你实力相当,不好对付。所以,最好的办法不是打败他,而是像比尔·盖茨那样,把他变成自己的朋友,实现双赢。

当年乔丹在公牛队时,皮彭是公牛队最有希望超越乔丹的新秀,他时常流露出一种对乔丹不屑一顾的神情,还经常说乔丹某方面不如自己,自己一定会把乔丹推倒一类的话。但乔丹没有把皮彭当作潜在的威胁去排挤,反而对皮彭处处加以鼓励。

有一次，乔丹对皮彭说："我俩的三分球谁投得好？"皮彭有点心不在焉地回答："你明知故问什么，当然是你。"因为那时乔丹的三分球成功率是 28.6%，而皮彭是 26.4%。但乔丹微笑着纠正："不，是你！你投三分球的动作规范、自然，很有天赋，以后一定会投得更好，而我投三分球还有很多弱点。"乔丹还对他说，"我扣篮多用右手，习惯地用左手帮一下，而你，左右都行。"这一细节连皮彭自己都不知道。他深深地为乔丹的大度所感动。

从那以后，皮彭和乔丹成了最好的朋友。而乔丹这种大度的品质则为公牛队注入了难以击破的凝聚力，从而使公牛队创造了一个又一个的神话。乔丹不仅以球艺，更以他那坦然无私的广阔胸襟赢得了所有人的拥护和尊重，包括他的对手。

事物的法则，永远是用进废退。这是颠扑不破的真理。一个人要想在异常激烈的社会竞争中不被淘汰，还是有一点危机感的好。在生活和工作当中出现竞争对手并不是一件坏事情，相反，倒是一件好事，因为这能使你充满活力而富有朝气。

但是，有了竞争对手后，我们还应当树立正确的竞争观念，把对手当作生活的一面镜子，从尊重和欣赏的角度出发，学习对方的长处。在竞争中，不断完善自我，弥补自己的不足，促进自己的发展，这样才能挖掘自己的潜力，踏上成功的道路。

## 以德服人,是最高贵的品格

想使一个人臣服,财色诱惑和武力征服都不是最好的办法,以德服人才是上策。你不能强迫别人同意你的意见,但可以用引导的方式,温和而友善地使他屈服。

《菜根谭》中讲:"路径窄处留一步,与人行;滋味浓的减三分,让人嗜。此是涉世一极乐法。"给别人留余地,事实上也是给自己留余地。不让别人为难,也不让自己为难,这就是让三分、留余地的妙处,亦是处世交往的良方。

也就是说,给人面子是联络感情的最好方法;而伤人面子,受害的最终是自己。中国人历来十分重视自己的面子。古代的项羽兵败后自感"无颜见江东父老",于是自刎乌江,为了面子,连命都不要了。因为面子代表着尊严与荣耀,有面子才能被别人看得起,才能满足他的优越感。在人际交往中,要想与别人建立和谐的关系,就必须懂得放下自己的面子,给他人面子。因为人际关系是相互的,正如《圣经·马太福音》里所写的:"你希望别人怎样对待你,你就应该怎样对待别人。"

中村是日本德川幕府第三代将军德川家光的大臣,他生性温和,慎思密虑,为人处世极谙收买人心之道。当时,德川家族中有一位名叫德川秀息的将军,此人手握兵权。他非常讨厌别人抽烟,于是,他在军中下了一道命令:凡是士兵抽烟者,一律斩首。

有一天晚上,几个负责守卫城门的士兵在站岗时,发觉天气寒冷,又无事可干,想到深更半夜的肯定没人前来巡查,便躲在阴暗处抽起了烟。哪知这一天,中村正好闲来无事,出来巡视。当士兵们发现中村时,灭烟已经来不及了。士兵们心想:这下人赃俱获,看来性命难保。几个人惊恐不安,不知所措地站在那里。

中村若无其事地走上前去,先问了一下守卫的情况,然后对他们说:“你们刚才抽的烟让我也抽一口,怎么样?”士兵们谁也没想到中村会有这样的要求,疑惑不解地望着中村,但还是乖乖地拿出烟交给中村。中村接过来,津津有味地抽了几口,便把烟退还给他们。

“没想到烟这么可口,谢谢!”说罢,转身走了。刚走了几步,他又转回来对士兵们说:“今天的事,我也有份,希望今后再也不会有这种事情发生。要知道,你们的将军可是最讨厌抽烟的。”据说,自此之后,士兵们抽烟的风气居然完全消失。

想使一个人臣服,财色诱惑和武力征服都不是最好的办法,以德服人才是上策。以高尚的品德收服人心是最好的选择。人人都有自尊心,一个人若被伤害了自尊,他会视之为“奇耻大辱”,会一直耿耿于怀,随时找机会进行报复。所以,人际交往中千万不能伤害别人的自尊。在无关得失的小事中,不妨让对方一步,给人面子,给自己多留一些余地,使自己不会因小事而受到不必要的损害。

曾经有一句格言:“一滴蜜汁比一加仑毒药能捕到更多的苍蝇。”如果你想让一个人接受你和你的意见,首先你要让他认为你对他是非常友善的,是全心为他着想的。你不能强迫别人同意你的意见,但可以用引导的方式,温和而友善地使他屈服。选择友善永远比选择强硬更有力量。

1754 年,已升为上校的华盛顿率部驻防亚历山大市,当时正值弗吉尼亚州议会选举议员,有一个名叫威廉·佩恩的人反对华盛顿支持的一个候选人。有一次,华盛顿就选举问题和佩恩展开了一场激烈的争论,其间华盛顿失口,说了几句侮辱性的话。身材矮小、脾气暴躁的佩恩怒不可遏,挥起手中的山核桃木手杖将华盛顿打倒在地。华盛顿的部下闻讯而至，要为他们的长官报仇雪恨，华盛顿却阻止并说服大家平静地退回了营地，一切由他自己来处理。翌日上午，华盛顿托人带给佩恩一张便条，约他到当地一家酒店会面。佩恩自然而然地以为华盛顿是要求他进行道歉以及提出决斗的挑战，料想必有一场恶斗。

到了酒店，大出佩恩之所料，他看到的不是手枪，而是酒杯。华盛顿站起身来，笑容可掬，并伸出手来迎接他。“佩恩先生，”华盛顿说，“人都有犯错误的时候。昨天确实是我的过错。你已采取行动挽回了面子。如果你觉得已经足够，那么就请握住我的手，让我们做个朋友吧！”

这件事就这样皆大欢喜地了结了。从此以后，佩恩成了华盛顿的一个衷心崇拜者和坚定支持者。

是否可以成就一番事业，关键看你在这样的时候是否能忍一时的委屈，能够以一种良好的习惯来控制自己，才会有将来的成功。学会关爱别人，这是件很难做到的事，因为这是一件需要付出感情和心血的事。而正因为其难，所以人的成就才有高下之分，有大小之别。

大部分的人一陷身于争斗的旋涡，便非逼得对方鸣金收兵或竖白旗投降不可。然而，这虽然让你吹响了胜利的号角，却也是下次争斗的前奏。明智的做法就是放对方一条生路，让他有个台阶下，为他留点面子和立足之地。这不太容易做到，但如果能做到，则好处多多。

忍人所不能忍，需要勇气和毅力，需要拥有良好的、宽容的习惯和作风，同时，更需要一种成事者的大家风范。年轻人要成大事，这种习惯和作风是必不可少的，唯有如此，才能在关键时刻显出英雄本色，才能赢得人心，从而成就一番事业。

# 参考文献

[1]范宸.舍与得——做人做事的取舍艺术[M].北京:中华工商联合出版社,2016.

[2]陈大超.人生必须有取舍[M].北京:西苑出版社,2015.

[3]释颢.当下的修行:要懂的一点取舍[M].北京:中国华侨出版社,2011.

[4]千智莲.勇敢面对生命中的取舍[M].北京:新世界出版社,2012.

[5]谢普.舍与得:取舍之间,便是人生[M].南京:南京出版社,2016.